JN127302

品質保証における IoT活用

良品条件の可視化手法と実践事例

山田浩貢 著

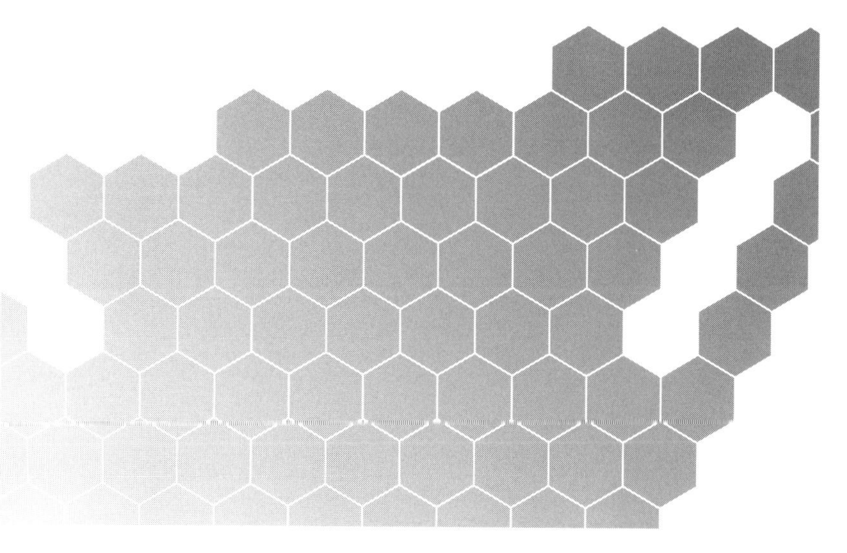

日科技連

はじめに

<本書の狙い>

製造業において市場クレームの発生や検査不正問題など品質問題が頻発しており、日本のものづくりにおけるブランド力の低下が危惧されています。そのため、各製造業において品質向上、強化に対する業務改善を積極的に図っています。

これまでの日本の高い品質は熟練した現場の人により確保されていましたが、その方々が現場から退く中、「管理手法」「技能」「技術」の伝承が十分に行われていないのではないかと感じます。

一方、製造業の海外進出は拡大の一途を見せており、さらに人手不足が深刻化しております。もはや人手に頼った品質保証には限界を感じます。

本書では品質保証体制強化のためにIoTの最新技術を活用した具体的な対処方法を解説します。特に次の点について考慮しています。

① 製造業で一番ニーズの高い「市場クレーム発生」「検査不正問題」の解決をテーマとして取り上げ、特に「良品条件の可視化手法」を提案しています。

② 「検査改善」と「生産プロセス改善」の両方に着目しています。

③ 「設備加工」「人作業」を対象としています。

④ 「現状の問題」→「問題解決のポイント」→「改善手法」→「IoT道具活用」の流れにより、読者に解決の手順をわかりやすく解説しています。

⑤ 道具として従来型の「PLC(Programmable Logic Controller)制御」に加えIoT(Internet of Things：モノのインターネット)、AI(Artificial Intelligence：人工知能)による情報技術を活用します。

<本書の読者対象>

① 製造業の品質保証体制を構築、統制する品質保証部門の方

② 品質確保を行う製造現場の陣頭指揮をとっている現場管理・監督者

③ スマートファクトリー推進の生産技術、生産管理、IT部門の方

に幅広く理解していただけるようにまとめました。なるべく現場でのものづくりの視点に立ち、現場の品質保証や品質管理上の課題に対して、IoTの最新技術をどう利用していくとよいのかがわかるように、手順やポイントについて具体的に記述するように考慮しました。

特に投資対効果を定量的に測定するための考え方や現場での項目の収集方法など、実際に仕組みを構築するうえで、誰もが悩む部分について実践事例を交えて解説することで、具体的なアクションにつながるようにしています。

他にもIoTの単なるツール活用にならないように、現場管理として常識と思われていることでも、さらにものづくりが良くなる考え方について各製造業で工夫している点についても紹介するようにしました。

本書を通じて製造現場にIT、IoTが浸透し品質保証体制、品質管理強化につながり、高い品質を確保し続ける新たな日本のものづくりブランド形成や現場作業に従事するみなさまが活気づく製造現場の進化に少しでも貢献できることを願います。

最後に、本書を執筆する機会を与えてくださった日科技連出版社の木村修氏、きっかけを作ってくださったアイティメディア株式会社の朴尚洙氏、日頃から指導をしてくださる坂東隆三氏に心から感謝申し上げます。

2019年2月

山田　浩貢

品質保証におけるIoT活用
良品条件の可視化手法と実践事例

目　次

装丁・本文デザイン＝さおとめの事務所

第1章

品質保証における問題

ものづくりのグローバル化が急速に進展する中で品質保証体制の強化は重要なテーマとなっています。製品設計⇒工程設計⇒量産移管の品質を作り込む過程や製造工程における検査工程などの品質管理においては、10年以上も属人的なやり方が変わっておらず、世代交代により、品質保証に対する考え方の本質が十分に引き継がれていない状況下にあります。

本書では、IoT(Internet of Things)を活用して、品質保証に役立てる方法、そして具体的な実践事例を紹介しますが、その前に、品質保証における現状での問題、課題を把握しておくことにしましょう。この第1章では、品質保証における問題(図1.1)について解説します。

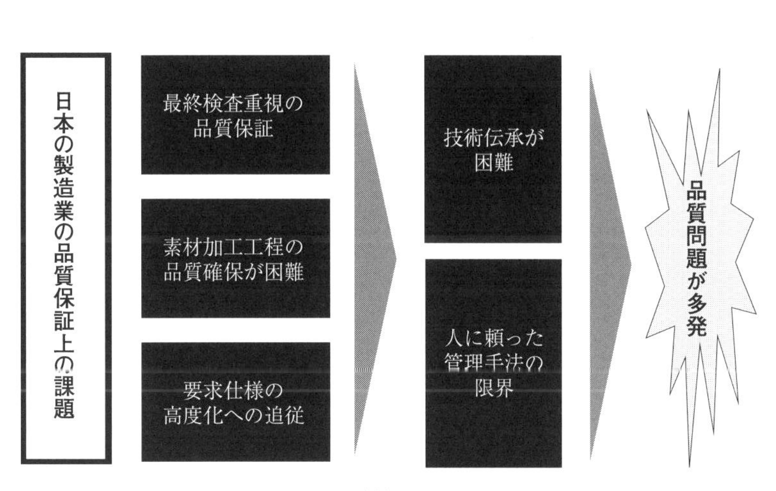

図1.1　品質保証上の問題

1.1　最終検査重視の品質保証

日本の製造業は全般的に継続した原価低減活動を行っています。「いくら品質の高いものを作っても安くなければ売れない」といった論理で、できる限りコストを切り詰める文化がどこにでもあります。「品質を確保する＝検査を徹底して不良を跳ねる」といった考え方が定着していると感じます。そうすると工程ごとに徹底した検査をすると人を配置して行うことによりコスト高になるため、完成品の最終検査は徹底して検査を行って不良品を市場に出さない考え方が定着しています。一見その考え方は正しいのですが、完成品まで行って、構成部品に不良が発覚するともはや手直し、修正による対応が納期的にも作業的にも困難になります。

1.2　素材加工工程の品質確保が困難

次に基本生産は素材を加工して部品を作成し、それを組み合わせて製品にしていきます。素材を加工する工程を上流、組立をする工程を下流とすると、上流に遡る程、歩留りが悪く、不良が出やすくなります。素材を加工する工程は「鋳造」「鍛造」「成型」「切削」「配合」などになります。逆に素材加工の工程に比べると組立工程は不良が少ないことが一般的です。1.1節で述べたように、最終完成品で検査をするのも大事ですが、不良が出やすい素材加工の工程の品質を上げることのほうが大事なのです。

1.3　要求仕様の高度化への追従

では昔と今で何が大きく変わったのでしょうか？　それは顧客嗜好の多様化、高度化により、ますます要求仕様が高度化していることがあげられます。

自動車の例で説明すると、自動運転や電気自動車が注目されていますが、それよりも車体はコンパクト化、軽量化しているにもかかわらず、部品は一体型により大型化しています。具体的には今までよりもより小さいスペースに同じ部品を配置しなければならないため、形状は複雑になりより薄くて軽い素材で強度を保たなければなりません。他にも見栄えの良さを追求するために繋ぎ目の少ないシャープなカーブを描いた部品化により部品が大型で複雑な形状になる中で品質を確保しなければなりません。半導体のような小さな集積回路を作る場合にも何ミクロンといった精度で合否を判断する必要があります。あまりに品質基準を高くするとほとんどが不良になるといったシビアな世界となります。ルールで決めた合格値なので従わなければなりませんが、現場の担当者からすると世の中の品質に対する要求が厳しくなっていると感じるのは間違いありません。

1.4　技術伝承が困難

それでも今までは熟練工や熟練管理者の方が高いスキルと生産性で生産を行い、現場で発生する問題解決を迅速に図ってきましたが、その方々が一気に製造現場から卒業していくことにより、技術伝承が上手くいかず問題が噴出してきているのです。

1.5　人に頼った管理手法の限界

「人に頼った管理手法の限界」には以下の4つがあります。

① 検査上の問題

② 新製品立上げ時の問題

③ 品質の継続保証における問題

④ クレーム発生時の対処における問題

以下の節では、これらについて1つひとつ解説してゆきます。

1.5.1　検査上の問題

1つ目は検査上の問題です。例えば、外観検査は全品検査を行っていますが、目視による人でのチェックが主流です。したがって、後工程に不良が混入すると複数の人によるダブルチェック、トリプルチェックを行っており、人に頼る方法となっているのが実情です。また検査のすべてが全品検査ではなく、寸法計測などは抜取り検査が一般的となっています。あるべき姿は全品検査ですが人による計測となるため、作業が追い付かない状況です(図1.2)。

検査記録も紙での管理が多く、記録できる情報としては品番、生産数、不良数、廃却数、不良原因といった程度です。本来は不良発生時の温度や素材注入量などの情報も複合して把握できると要因解析につながります

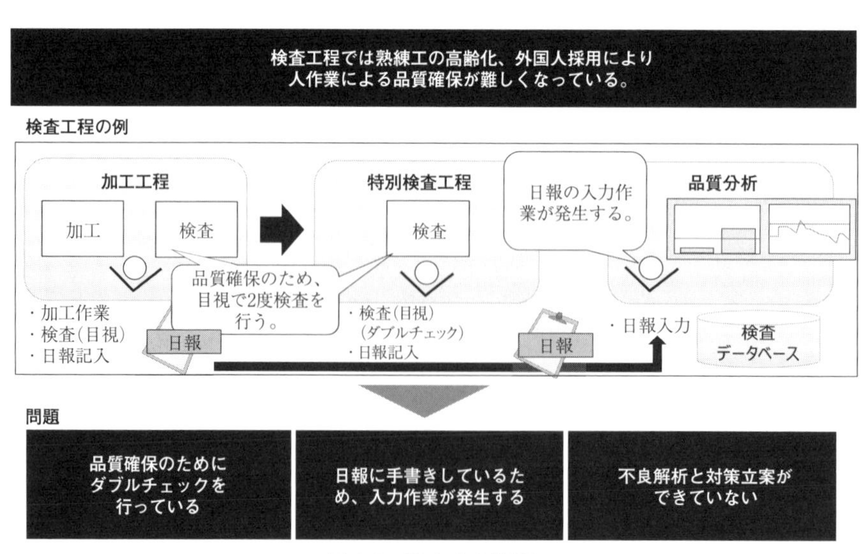

図1.2　検査上の問題

が、そこは人手による記録では補いきれません。また解析においてはデータ入力作業も発生するため、データ入力の工数がかかり、解析までにタイムラグが発生します。

1.5.2　新製品立上げ時の問題

2つ目は新製品立上げ時の問題です。品質は製品設計、工程設計を経て、それぞれの製品、部品に対する品質特性(強度、寸法など)とどの工程でその特性を確保するのか作り込みます。例えばベアリングの例で説明しますと鍛造工程では形状の規格の確保が品質特性としてあり、その品質特性を確保するために外観検査で寸法を計測して実現するといった流れで決めていきます。

その結果QC工程表という書式で製造現場に移管をして、具体的な作業を作業要領書としてまとめて現場作業者に渡します。作業要領書には先程の例で説明しますと外観検査のやり方を写真と管理のポイントと手順を具体的に記述しており、誰でも実施できるよう工夫しています。

現場での問題は開発期間が短くなり、品質特性の基準を十分にクリアできない状態で量産工程に入るケースがあります。そうなると生技部門、品質保証部門、製造部門が量産工程で生産量が著しく増加する中、品質基準を確保する製造方法の改善を行うため、新製品の立ち上り時期は不適合品の手直しや廃却によるロスへの対応などでバタバタします(図1.3)。この急場をしのぐために他部門からの応援による体制で乗り切るケースもあります。

1.5.3　品質の継続保証における問題

3つ目は品質の継続保証における問題です。品質が安定して継続生産をしていく中でも問題が発生します。素材加工の工程となると複数の素材を配合して加工することになります。季節変動により素材の配合条件や温

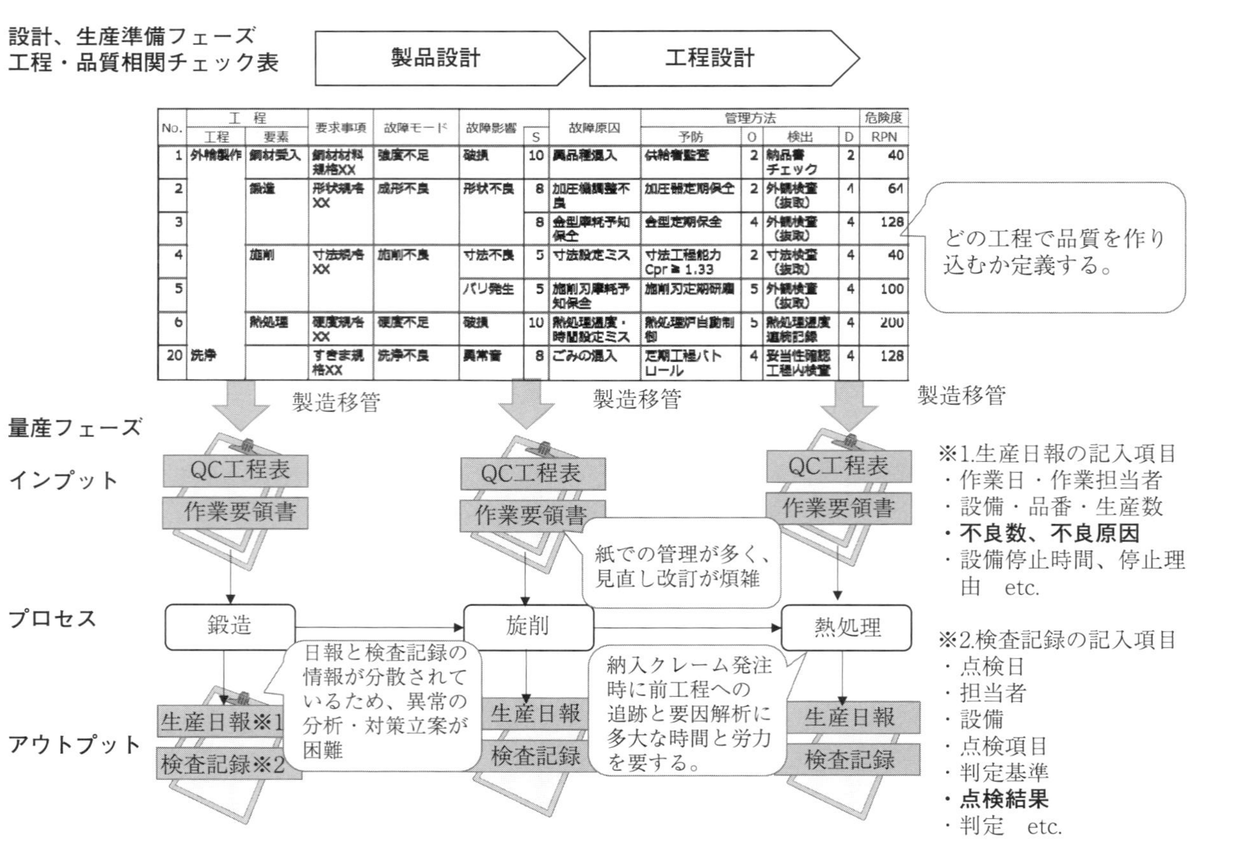

No.	工程		要求事項	故障モード	故障影響	S	故障原因	管理方法				危険度
	工程	要素						予防	O	検出	D	RPN
1	外輪製作	鋼材受入	鋼材材料規格XX	強度不足	破損	10	異品種混入	供給者監査	2	納品書チェック	2	40
2		鍛造	形状規格XX	成形不良	形状不良	8	加圧機調整不良	加圧機定期保全	2	外観検査（抜取）	4	64
3						8	金型摩耗予知保全	金型定期保全	4	外観検査（抜取）	4	128
4		旋削	寸法規格XX	旋削不良	寸法不良	5	寸法設定ミス	寸法工程能力Cpr≧1.33	2	寸法検査（抜取）	4	40
5					バリ発生	5	旋削刃摩耗予知保全	旋削刃定期研磨	5	外観検査（抜取）	4	100
6		熱処理	硬度規格XX	硬度不足	破損	10	熱処理温度・時間設定ミス	熱処理炉自動制御	5	熱処理温度連続記録	4	200
20	洗浄		すきま規格XX	洗浄不良	異常音	8	ごみの混入	定期工程パトロール	4	妥当性確認工程内検査	4	128

図1.3　新製品立上げ時の問題

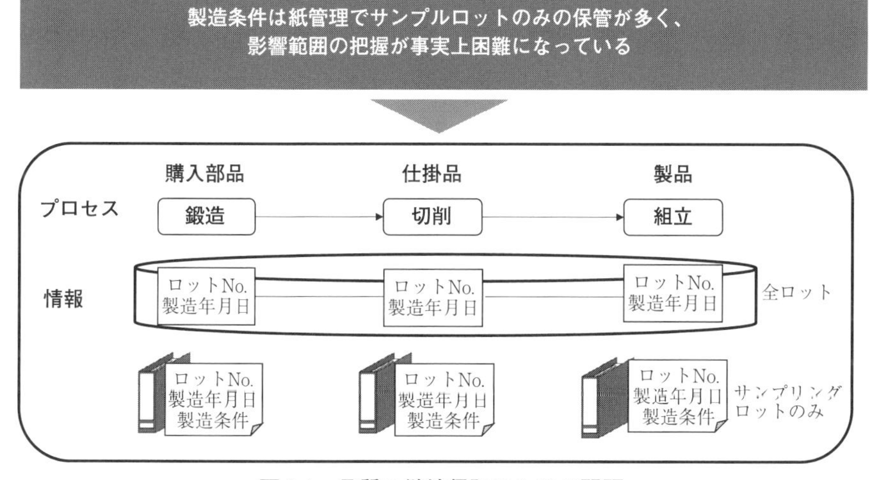

図1.4　品質の継続保証における問題

度、湿度の状況で良品を確保する製造条件が微妙に変動します。品質基準を確保するための製造条件は一律で設定しているが、多くの場合、現場では熟練工がカンコツを働かせて不適合が発生すると製造条件を微妙に調整しています。

ここでいいたいのは品質基準をクリアするための製造条件は変動するということと熟練工の豊富な経験により品質が確保されているということです(図1.4)。

1.5.4　クレーム発生時の対処における問題

4つ目は、クレーム発生時の対処における問題です。納品後にクレームが発生すると品質保証部が要因解析と影響範囲の調査を行います。まずは同じ製造条件で製造したロットを製品⇒半製品⇒部品⇒原材料の順で後工程から前工程にわたり調査をします。同一ロットを4M(Man：作業者、Method：作業方法、Machine：設備、Material：材料)で判断するのです。

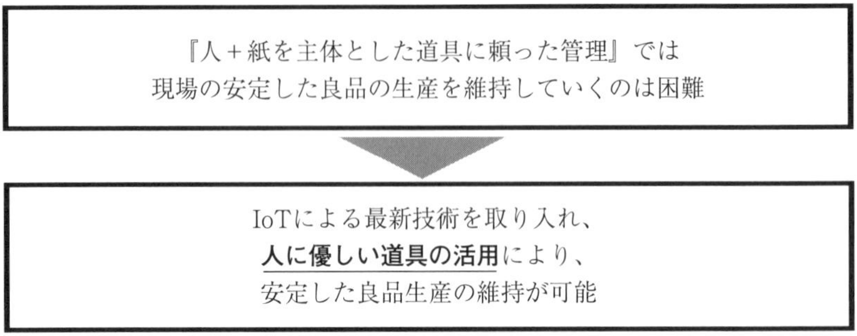

『人＋紙を主体とした道具に頼った管理』では
現場の安定した良品の生産を維持していくのは困難

IoTによる最新技術を取り入れ、
人に優しい道具の活用により、
安定した良品生産の維持が可能

図1.5　品質保証体制問題解決にIoTを活用

この際のエビデンスとなる製造記録、検査記録が紙になっていることが多いため、要因解析と影響調査は品質保証部門だけで実施できず、設計部門、生産管理部門、製造部門、調達部門を巻き込んで実施することになります。

したがって、要因解析に時間がかかり、製品を回収する必要性が出た際の影響範囲の箇所(一般的にはトレース帯といいます)の特定が難しく、トレース帯が広がり疑わしい範囲の製品はすべて回収することになってしまい大きな損失につながります。

これらのことから人や紙主体の媒体に頼った管理には限界があることがわかります。そのため、人に優しい道具としてのIoTの活用により、安定したものづくりの維持を可能とすることが必要なのです(図1.5)。

第2章

IoTによる最新技術を利用した道具の活用とは？

IoTによる最新技術を活用した人に優しい道具により第1章で述べたような製造現場の問題をさらに解決することが可能となってきました。第2章では、問題解決のためのツールを紹介します。問題解決のためのツールには以下の3つがあります。

① デジタルからくり

② データ解析と対処ナビ

③ 設備のインテリジェント化

第2章では、これら「デジタルからくり」「データ解析と対処ナビ」「設備のインテリジェント化」の3つをIoTによる三種の神器としてそれぞれ解説してゆきます(図2.1)。

2.1 デジタルからくりとは

「デジタルからくり」とは、低価格化したセンサーや情報機器を利用し、業務の運用に柔軟に対応させ、最新技術を活用して、これまで困難とされてきたことを現実化する仕組みのことです(表2.1)。つまり、従来、紙ベースで行っていたことをデジタルに置き換えるわけです。

「からくり」とは日本における古い時代の機械的仕組みのことで、「糸を引っ張って動かす」という意味の「からくる」を引用して、機械時計に使われていた歯車やカムなどの技術を、人形を動かす装置として応用したからくり人形が代表されます。

デジタルからくりは従来紙を媒体としたもので実現したことを低価格な

IoTによる三種の神器	
1. デジタルからくり 	従来、紙を媒体としたもので実現したことを低価格な情報機器や電子デバイスを使用して便利な道具に仕上げること
2. データ解析と対処ナビ 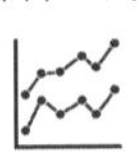	データ解析とは現場から収集したビッグデータを機械学習などで解析するソフトウェアやサービスのこと。対処ナビとはデータ解析をして導き出した結果に対し、人にヒントを教えたり設備を自動で制御すること
3. 設備のインテリジェント化 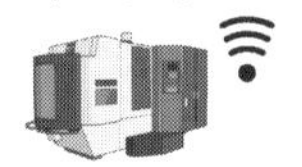	設備を構成する摺動部、駆動部や電気回路に対し各種のセンサー(温度、加速度、振動など)をつけ、得られる情報を収集し離れた場所から見えるようにしたものです。

図2.1　IoTによる三種の神器

表2.1　デジタルからくりの三要素

デジタルからくりの三要素	
1.ローコスト(low cost)	低価格化したセンサーや情報機器を利用
2.フレキシブル(flexible)	業務運用の変化に柔軟に対応
3.ハイテク(high technology)	最新技術を活用して今まで困難とされてきたことを現実化すること

情報機器や電子デバイスを使用して便利な道具に仕上げることから命名しました。

デジタルからくりのキーワードは以下の3つです。

①　ローコスト

②　フレキシブル

③　ハイテク

①の「ローコスト(low cost)」はセンサー類が数百円から購入でき、小型のコンピューターは数千円から購入できるようになったことで、実現可能になりました。タブレット端末も数万円で購入ができます。従来はセンサーや情報機器は数十万、数百万円といった価格帯のため、利用にはハードルが高かったのが現実的に利用しやすくなったのです。

②の「フレキシブル(flexible)」は「柔軟な」という意味です。これは業務運用の変化に柔軟に対応できるという意味です。例えば従来の「かんばん」は紙で印刷していました。設計変更で品番が変更となる場合や、工程のレイアウトが変わって所番地と呼ばれるストアの位置が変わるとかんばんを変更して印刷し直す手間がかかりました。同じ物に使用する「かんばん」はあらかじめたくさん印刷しておき、毎月の生産量の変動に合わせて金庫と呼ばれる保管庫から出したり戻したりして使用していました。こういった変更に柔軟に対応するために今は書き換え可能なカードとICチップを使用して必要な枚数のみ印刷して使用する「リライトかんばん」を利用できるようになりました。

③の「ハイテク」とはハイテクノロジー(high technology)＝最新技術の略です。IoTのキーワードでカメラ、センサー(温度、圧力、電流etc.)、ICチップ、無線機器、ボードコンピューターなどの最新技術がどんどん実用化されてきています。これらを活用して今まで困難とされてきたことを現実化することをいいます。例えば今までは人が目で見て検査するには限界があり、抜きとり検査しかできていなかったことにカメラを活用した

図2.2　デジタルからくりを実現する最新技術

画像検査を採用して全品検査を実現するといったことになります(図2.2)。

2.2　データ解析と対処ナビとは

「データ解析」とは現場から収集した何千万件何億件といったビッグデータを統計手法や機械学習のアルゴリズムを使用して解析するソフトウェアやサービスのことです。

「対処ナビ」とはデータ解析をして導き出した結果に対し、あらかじめ対処が明確になっている場合、人にどうしたらよいかヒントを教え、設備に自動で指示をして制御することをさします(図2.3)。

2.3　設備のインテリジェント化とは

「設備のインテリジェント化」とは設備を構成する摺動部、駆動部や電気回路に対し各種のセンサー(温度、加速度、振動など)をつけ、そのセン

図2.3　データ解析と対処ナビのイメージ

サーから得られる情報を収集し離れた場所から見えるようにしたものです(図2.4)。

今までは現場の情報は現場で見て対処することが慣例となっていたため、現場に行かなければ情報を把握することができず、他の工場や部署の有識者からアドバイスをもらうことが困難な状況でした。設備のインテリジェント化はそういった工程内で閉じていた現場の情報を工場、会社、顧客、仕入先で共有することにより新たな業務やサービスにつなげることを狙いとしています。

インテリジェント設備の三要素は以下の3つです。

①　予兆検知

②　不良予告

③　データ通信

①の「予兆検知」とは設備が常に動いているモーターの回転数や電気回路の電流値をモニタリングして、故障が発生する予兆を検知して故障発生

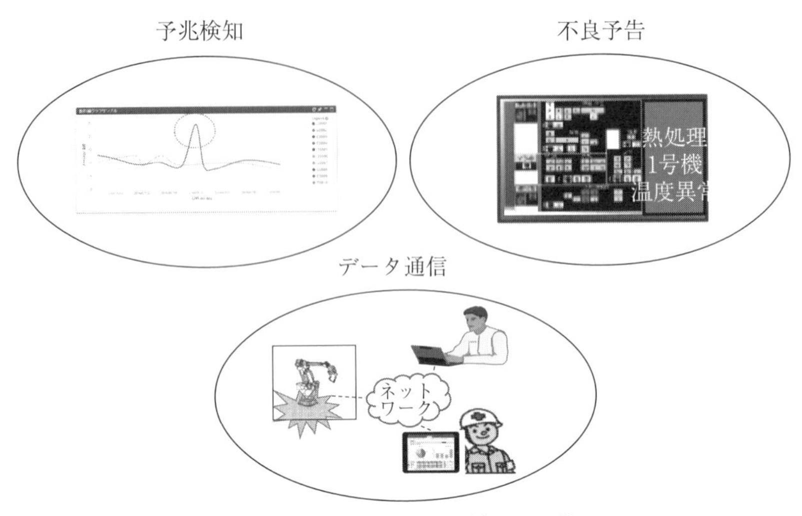

図2.4　設備のインテリジェント化

を知らせる機構です。これにより、長期停止を防止します。したがって、予兆検知においては、設備を止めない重要箇所の情報が把握できることと予兆ができる粒度で情報収集をすることが重要です。

②の「不良予告」は良品を製造するための温度、部材投入量といった製造条件をモニタリングしておき、その閾値の範囲外に近づいた際に不良の発生を予告して知らせる機構です。これも設備ごとに良品製造の製造条件が異なりますので、良品製造を実現するための製造条件が把握できることが重要となります。

「データ通信」は上記の情報を常に記録しておき、遠隔地からでも見えるようにし、異常値を通知することができる機能のことです。

第3章

IoT導入を円滑に進めるための手順

第1章、第2章では、品質保証における問題とそれを解決するためのツールである「デジタルからくり」「データ解析と対処ナビ」「設備のインテリジェント化」の概要について説明してきました。第3章では、実際にどういった順序でムダ排除に取り組み、IoTを導入するのかについて説明していきます。

3.1　物と情報の流れを把握する

ここではムダ排除のステップの順で具体的にどう取り組んだらよいか説明していきます。

最初は現状を正しく把握することが大事です。

現状は3現主義(現地・現物・現実)にもとづいて、物と情報の流れ図にまとめます(図3.1)。

3.1.1　前工程、自工程、後工程を見える化する

ここでは物と情報の流れ図の具体的な書き方よりも書く際に注意すべき点について解説していきます。

まず大事なのは前工程、次工程、後工程を明確にすること。

そして以下の3つを明確にすることです。

①　物が滞留する箇所

②　工程間の速度の違い

③　距離によるリードタイム

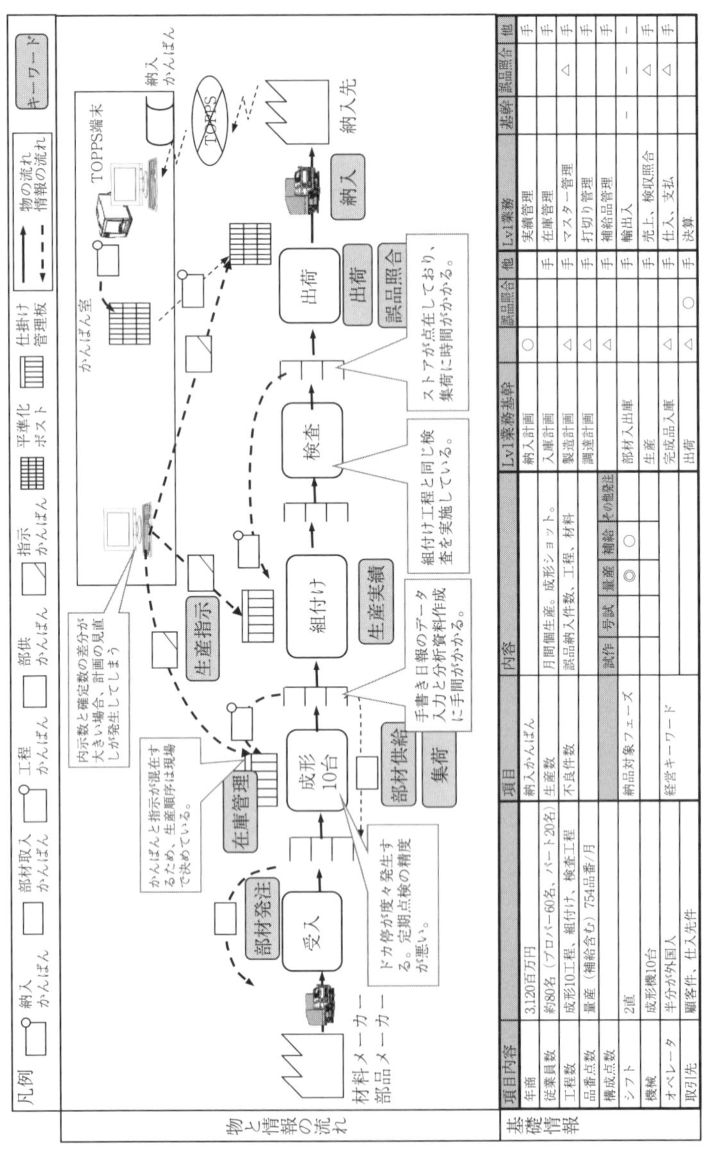

項目内容	
年商	3,120百万円
従業員数	約80名（プロパー60名、パート20名）
工程数	成形10工程、組付け、検査工程
品番点数	量産（補給含む）754品番/月
構成点数	
シフト	2直
機械	成形機10台
オペレータ	半分が外国人
取引先	顧客件、仕入先件

項目	内容				
納入かんばん					
生産数	月間個生産。成形ショット。				
不良件数	誤品納入件数、工程、材料				
	試作	号試	量産	補給	その他発注
納品対象フェーズ			◎	○	
経営キーワード					

Lv1業務基幹		誤品照合	他
納入計画	○		
入庫計画			手
製造計画	△		手
調達計画	△		手
	△		手
部材入出庫			手
生産			手
完成品入庫	△		手
出荷	△	○	手

Lv1業務	基幹	誤品照合	他
実績管理			手
在庫管理			手
マスター管理		△	手
打切り管理			手
補給品管理			手
輸出入	−	−	−
売上、検収照合		△	手
仕入、支払		△	手
決算			

図3.1　物と情報の流れ図例

一般的には仕入先、自社生産拠点、顧客に分けて記述し、自社生産拠点内の各工程間を明確にします。

よくあるのは、組立工程は60秒のタクトタイムで生産しているが、前工程の溶接工程のサイクルタイムが90秒となるといったようになることで、この場合、後工程の速度に前工程が追い付かないことになります。この場合、組立ラインの同期をとるには、後工程のサイクルタイムを縮める工夫を行う必要があります。

同じ溶接工程から2つの組立ラインに物を供給する流れになっているとさらに組立ラインよりも短いサイクルタイムで物をつくる必要が生じます。そして生産順序を調整するといった形で同期をとるのが困難になります。通常はこのようなことに対応できていないため、溶接の後に仕掛品の在庫を持って対応していることが多いのです。また在庫を持つために溶接工程は月次で立てた計画で生産をすることで計画精度が悪い場合に必要な物が足りなくなり、不要な物をつくるといったことで日中に不要な物を生産して足りないものを残業でカバーするといった非効率な生産に陥ることになります。

3.1.2　物理的な生産資源を見える化する

例えば、組立工程に3つのラインがある場合は、1つのラインでは何人で生産しているかわかるようにします。設備の工程であれば設備の台数を明確にします。人も段取り効率に影響しますので記述します。そうすると自社生産拠点内の工程の制約条件や前後の工程とのひずみが見えてきます。

3.1.3　物流経路も明確にする

物流経路も明確にする必要があります。今は海外から物を調達して加工し、海外へ輸出することが当たり前になっています。この場合、仕入先から部品を調達する際に船で運んだり、自社から顧客に納品する際に外部倉庫経由で運ぶといったことになります。自社で生産しているよりも、運搬や保管にかかっている時間のほうが長いのです。

したがって、いくら自社の生産を効率化しても部品の調達に船で数週間かかり、製品の輸送に車を乗り継いで何日もかかるようであれば、そこがネックになっていることが考えられます。そのため、物流経路と物流にかかっている時間を明確にする必要があります。

3.1.4　情報の流れはシステム、人手の手段を明確にする

IoT導入を円滑に進めるためには、情報の流れを明確にすることが大切です。

情報の流れを明確にする際には、システムを利用して効率化しているのであれば、どのシステムを利用しているかを具体的に記述します。

そして手作業で情報を伝達している際にはどの頻度で情報を伝達しているか明確にします。

よくあるのは月次の生産計画は生産管理部門がシステムを利用して現場に指示するのですが、日々の生産順序は現場が生産計画表とは別に備蓄計画資料を見て、生産しているといったことです。ここまで細かいことは現場担当者からヒアリングしただけでは把握できないことが多いため、現場の生産日報や差し立て表を見て、把握することが大事です。

物と情報の流れ図をどこまで定量的に精緻に表現できるかで、後のムダ排除が円滑に進むか変わってきます。ただし、何週間もかけて精緻に書こうとするケースがありますが、それよりも、まず数日でまとめて確認しながらブラッシュアップしていくほうがよいです。迅速第一ですが、「意識は精緻に定量的に」を心掛けましょう。

3.2　業務分担を見える化する

今のものづくりはいろいろな部署が分担して業務を実施しています。部門間の業務の問題を明確にするために、業務フローで業務を可視化していきます。

3.2.1　関係する部署はすべて表記する

業務フローには、顧客、自社の部門、物流業者、仕入先といった関係部署を記述します。自社の部門も営業、生産管理、製造、調達、品質管理、生産技術といった業務に関係する部門はすべて記述します(図3.2)。

よくある問題としては営業部門で販売計画を立てた精度が悪く、売れ残りや欠品につながる、物流業者で在庫を抱えているにも関わらず保有数が考慮されていない、といったことがあります。部門間の連携における問題を明確にするためにも登場人物は明らかにすることが重要です。

3.2.2　時系列に記述する

時系列に記述することも大切です。業務フローにおいては、月次、週次、日次のサイクルは上から順にまとめていきます。毎月何日に実施するや毎日何時に実施するといった業務サイクルも明確にしていきます。

3.2.3　インプット、プロセス、アウトプットを明記する

また、インプット、プロセス、アウトプットを明記しなければなりません。各部門で連携する際に業務プロセスはインプットとアウトプットが必ずあります。

今はシステム化が図られていますので、メールやシステムで情報を確認して、システムに入力し、EXCELのデータとしてアウトプットして現場に伝達するといった形をとっています。そのインプットの手段(システム

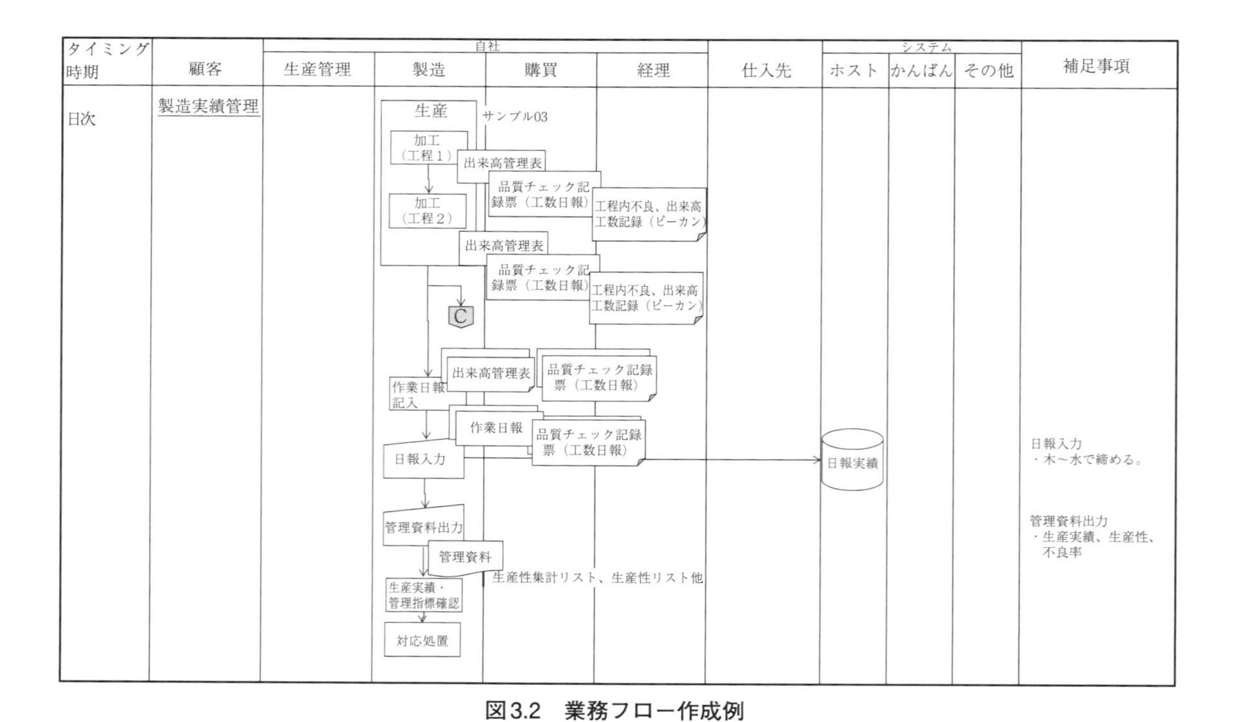

図3.2 業務フロー作成例

か手作業)や媒体(機能や帳票名)を明確にします。

3.2.4　物と伝票が一致しているかが具体的にわかるようにする

現場管理においては物と伝票(情報)が一致しているかどうかが重要になります。

生産をした後は仕掛品や製品ができ上がるため、物をアウトプットとして明記します。物につけている情報媒体(現品票やかんばん)も明確にします。

3.2.5　利用システムを明確にする

利用しているシステムを明確にすることも重要なポイントです。今はどこもシステム化されていますので、システム利用しているシステム名やシステムの機能名を業務フローに明記します。後で、そのシステムの機能やアウトプット帳票を確認することによりシステム上の問題も明確にしていきます。

最近は顧客のシステムや親会社のシステムを利用するケースが多く、そのシステムでできない部分は自社でシステム化して業務を補完しています。ですが、システム間でデータの自動連携ができない、管理している情報が限定的や粒度が粗い、といったケースもあります。

例えば、在庫情報として製品在庫は管理できるが、仕掛在庫が管理できないとか、工場別品番別に在庫は把握できるが、棚番別には把握できないといったことで同じ在庫情報を顧客や親会社のシステムと自社のシステムに二重入力しているケースです。こういった点は親会社のシステムには週次や月次で反映されるため、現場管理と損益管理が噛み合わないといった問題につながりますので、こういう部分にも着目して明記するとよいです。

このように業務フローを明確にしていくと各部署をたくさん回って非効

率な運用をしている業務やシステムの制約で余計に業務を増やしているといった問題が見えてきます。

3.3　問題・課題の構造化

3.1節のように物と情報の流れを明確にし、3.2節のように業務分担を明確にすることにより現状の生産における問題が明確になってきます。ここでは抽出した問題を課題として構造化し、対策を立案する手順について次の流れで説明します。

① 物と情報の流れの問題を抽出する
② 業務分担上の問題を抽出する
③ 問題解決のための課題を集約する
④ 対策案を立案する
⑤ 想定効果を設定する
⑥ 優先順位を設定する

3.3.1　物と情報の流れの問題を抽出する

まず、物と情報の流れを作成する際に現場を見て問題として認識した部分を吹き出しにして記入していきます。特にバックデータとして現場で管理している「見える化ボード」などに張り出してある「不良率」「設備停止」「生産性」に関わるデータは定量的に問題を把握できるため、この内容は後からでも精緻に分析して工程別やライン別、設備別に整理しておきます(図3.3)。

3.3.2　業務分担上の問題を抽出する

次に業務分担における問題は業務フロー作成時に吹き出しとしてプロットします。業務フローにはイレギュラーの業務すべてを書き出すことは難

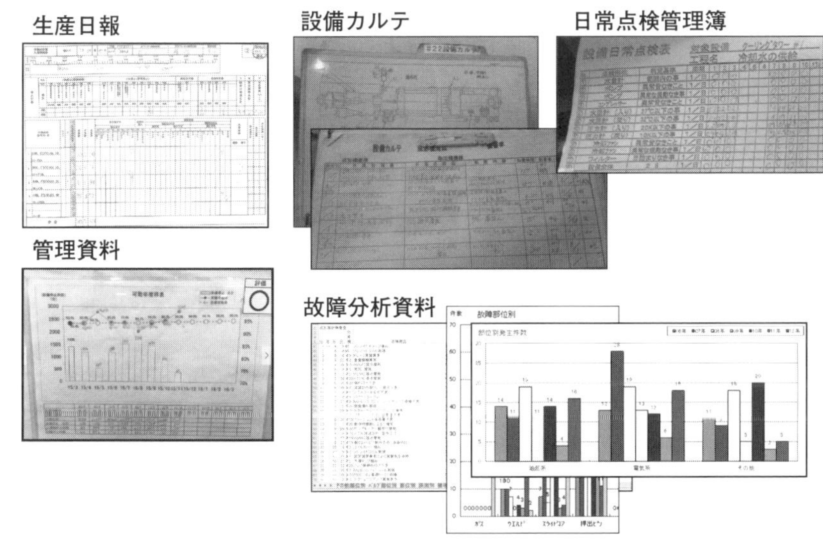

図3.3　物と情報の流れの主な現場確認資料

しいため、イレギュラー業務における問題については業務担当者からヒアリングを行って記録します。よくあるのは大口の顧客は納入かんばんの情報がシステムで来てプリンターに自動で印刷されるが、小口の顧客は郵送で1カ月分の注文書／納品書／現品票が送られてくるので管理が煩雑になるといったことです。システムで来ればシステムへの入力作業は不要ですが、紙で送られてくるとシステムに入力する工数がかかります。小口といっても複数の顧客の注文を集めると意外と工数を要していることがあります。

3.3.3　問題解決のための課題を集約する

3.3.1項、3.3.2項で抽出された問題を課題一覧表に集約します。次の手順でまとめていきます。

・分類を設定する

・問題を記入する
・問題に対する課題を設定する

(1)　分類を設定する

まずは問題を漏れ抜けなく抽出するために分類を設定します(図3.4)。

①　物と情報の流れ、業務フローの大分類、中分類、小分類を設定する

物と情報の流れについては工程ごとに分類を設定します。業務フローについては業務の大分類、中分類、小分類を分けてその業務分類を設定します。

業務分類が整理されていれば、業務上の問題も漏れ抜けなく抽出されます。

②　問題を記入する

①で設定した分類に対し、抽出した問題を層別します(図3.5)。

例えば、「計画どおりに製造できず手待ちが発生する」との問題があれば生産業務の進捗管理業務分類上にプロットします。

③　問題に対する課題を設定する

「問題」とは、理想的な状態と現状とのギャップによりマイナスの影響をもたらす事実そのものであり、観測可能な客観的事実のことです。

「課題」とは、問題解決のための達成目標を表します。

「対策」とは、課題を克服するための具体的な行動内容を表します。

問題を課題に変えないと対策は立案できません。ここでは抽出した問題の要因を深掘して真の要因に対して課題を設定します。

例えば、「計画どおりに製造できず手待ちが発生する」という問題があると課題設定に向けて、まず問題を掘り下げて要因を明確にしていきます。

問題　「計画どおりに製造できず手待ちが発生する」

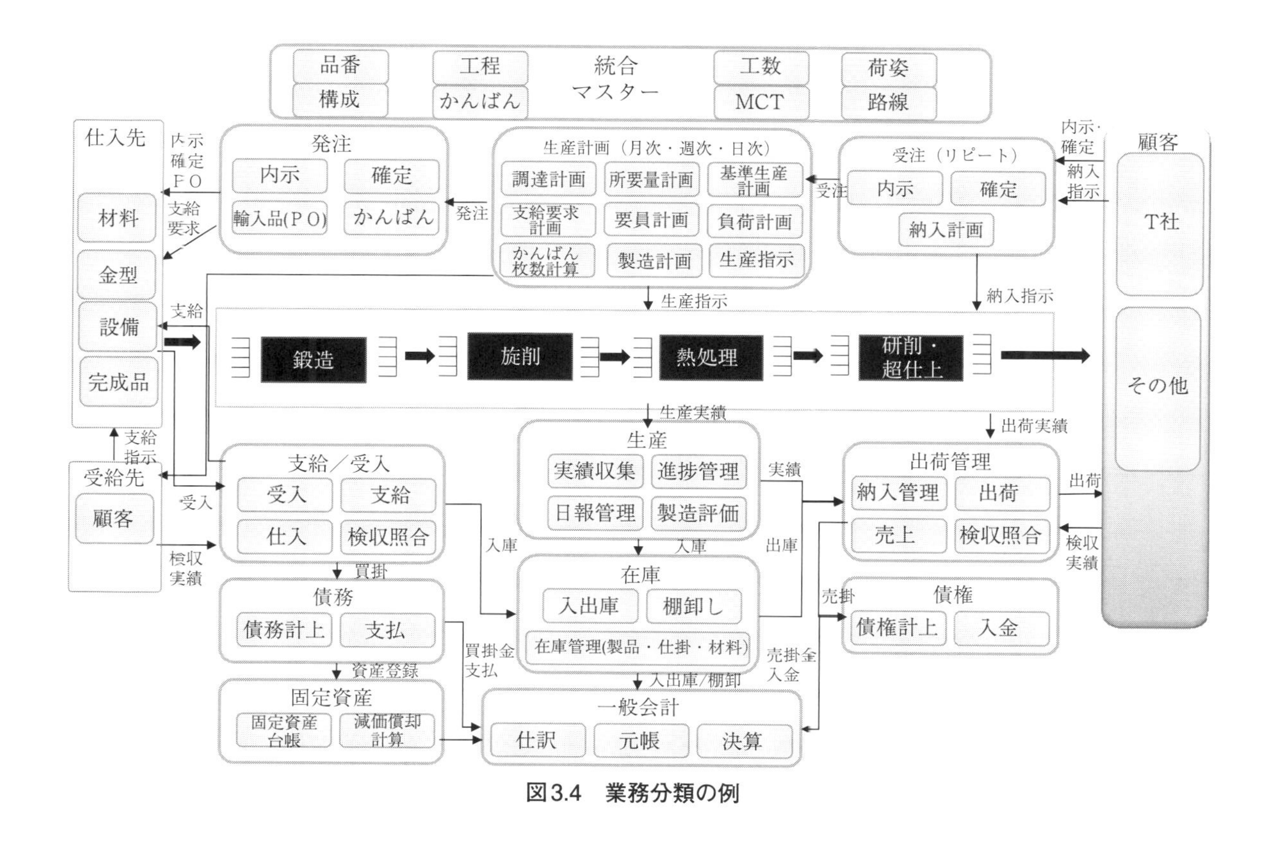

品番
構成
工程
かんばん
統合
マスター
工数
MCT
荷姿
路線
仕入先
材料
金型
設備
完成品
内示
確定
FO
支給
要求
発注
内示
確定
輸入品(PO)
かんばん
発注
生産計画（月次・週次・日次）
調達計画
所要量計画
基準生産計画
支給要求計画
要員計画
負荷計画
かんばん枚数計算
製造計画
生産指示
受注
受注（リピート）
内示
確定
納入計画
内示・確定
納入指示
顧客
T社
その他
支給
生産指示
納入指示
鍛造
旋削
熱処理
研削・超仕上
生産実績
出荷実績
支給指示
受給先
顧客
受入
検収実績
支給／受入
受入
支給
仕入
検収照合
生産
実績収集
進捗管理
日報管理
製造評価
実績
出荷管理
納入管理
出荷
売上
検収照合
出荷
検収実績
入庫
入庫
出庫
買掛
債務
債務計上
支払
在庫
入出庫
棚卸し
在庫管理(製品・仕掛・材料)
売掛
債権
債権計上
入金
資産登録
買掛金支払
入出庫/棚卸
売掛金入金
固定資産
固定資産台帳
減価償却計算
一般会計
仕訳
元帳
決算

図3.4　業務分類の例

<table>
<tr><th rowspan="2">No.</th><th colspan="3">業務分類</th><th rowspan="2">問題事象</th><th rowspan="2">問題要因</th></tr>
<tr><th>Lv1</th><th>Lv2</th><th>Lv3</th></tr>
<tr><td>1</td><td rowspan="6">生産</td><td>実績収集</td><td>実績入力</td><td>実績は1日単位で入力している。着手したタイミングは現場担当者に聞かないとわからない。</td><td>作業の標準化ができていない。入力に手間がかかると想定される。</td></tr>
<tr><td>2</td><td rowspan="3">進捗管理</td><td>進捗把握</td><td>進捗遅れの把握が遅れる。</td><td>製造部門が生産管理に申告しなければ計画調整をしないため、現場が手待ちになる。</td></tr>
<tr><td>3</td><td rowspan="2">遅れの対処</td><td>工程変更をすると後工程の工具が段取りできておらず手待ちになる。</td><td>前工程の作業変更の考慮がされていない。</td></tr>
<tr><td>4</td><td>週末の設備停止が進捗遅れへの影響が大きい</td><td>設備停止情報はリアルタイムに収集・通知されているが、停止要因が不明確。</td></tr>
<tr><td>5</td><td rowspan="2">製造評価</td><td rowspan="2">指標確認</td><td>可動率は評価しているが、段替え時間が作業者の申告制となっている。</td><td>教科書どおりの計算式であるが、精度が保証できない。</td></tr>
<tr><td>6</td><td>可動率は平均85%と一部の設備以外は高い数値となっている。生産稼働率は全体的に約5割程度で低い。</td><td>生産稼働率が低い要因を明確にして改善を図る必要がある。</td></tr>
</table>

図3.5　業務分担上の問題抽出例

なぜ1　前工程が予定より早く終わるから

なぜ2　工程のリードタイムの実績値に10%の余裕を設定しているから

なぜ3　段取工程のリードタイムが安定しないから

なぜ4　段取工程の工数が平準化されていないから

なぜ5　使用する治工具準備の負荷が見られていないから

ここまで来ると問題の要因が明確になるため、課題として、「治工具準備の負荷を考慮した計画立案をして手待ち発生を防止する」と設定します。このような形で問題から課題を設定していきます。

3.3.4　対策案を立案する

3.3.3項で課題設定が一通りできたら課題に対する対策を立案します。上記の「治工具準備の負荷を考慮した計画立案をして手待ち発生を防止する」という課題に対し、対策として「治工具リストから治工具準備の負荷を算出し、平準化した計画を立案する」となります。

3.3.5 想定効果を設定する

対策を立案したらそれを実現した際の想定効果を設定します。想定効果は定量的な効果、定性的な効果を洗い出します。

上記課題「治工具準備の負荷を考慮した計画立案をして手待ち発生を防止する」の効果としては定量効果として「手待ち時間の削減による工数○○h／月」「生産性向上による付加価値向上 売上○○％UP」、定性効果として「安定した生産による品質向上」となります。

3.3.6 優先順位を設定する

前項までの想定効果と実現の難易度を見て、課題解決の優先順位を設定していきます(図3.6)。

現状業務には必ずあるべき姿とのギャップによる問題が必ずあります。その問題を課題として設定し対策を立案して解決しなければ良くなりません。対策もITやIoTだけで解決できるものはほとんどなく、業務の役割分担や作業手順の見直しや物の置き方、流し方、作り方の改善といったことと併せて行う必要があります。そのためにも業務上の問題は漏れなく抽出し、課題、対策、想定効果にまとめたうえで優先順位づけを行い、組織的に取り組むことが重要なのです。

3.4 IoT共通インフラを理解する

IoTによる最新技術を取り入れた人に優しい道具の活用によって、製造現場の問題を解決していくことが可能となります。しかしながら、各業務の問題を解決するためにはまずIoTを活用できる共通インフラを構築する

課題番号	課題項目	内容説明	解決の方向性	優先度
1	安全強化対策 （タッチアップ、塗装工程）	1-1.修正工程（タッチアップ）で燃える場合が過去にあった。 フィルターが詰まることが原因。 予防保全による安全強化が必要。 例)風量などの情報をモニタリング。 1-2.塗装ブース（手吹き）の火災対策による安全強化が必要	・タッチアップ工程のセンシング ・塗装ブースの化学物質センシング ・上記センシングデータの蓄積と解析システムの導入	高
2	生産実績データの集約と有効活用	2-1.ナットランナーのトルク値は現在、制御盤の中で閉じている。 ナットランナーのトルク値を収集し、製造条件の情報収集と解析を行う必要がある。 日報情報と紐付けて、現場カイゼン活動や品質強化を図る	・ナットランナー情報の収集 ・日報データベースと生産管理指標管理によるカイゼン活動への活用 ・ナットランナーなどの製造条件情報とトレーサビリティシステムの連携による品質強化	中
3	可動率向上のための予知保全の実施 （組立、溶接ロボット、自動倉庫）	3-1.設備故障の予兆を把握してドカ停防止が必要。 ・給油のクレーンのチョコ停が月1、2回の頻度で発生する。 1回当り1～2時間停止する。クレーン6機が対象。 3-2.溶接ロボットが古くてよく止まる。 ・予兆管理が出来ないか検討必要。	・各設備への外付けセンサー設置と情報収集と解析	中
4	検査工程の効率化	4-1.検査工程（外観検査）で検査熟練工の作業分析を行いたい。 4-2.キズがデータ化されていないため、良品、不良の判定基準が不明確となっている。 検査工数や品質基準に影響するため、基準づくりが必要。	・スマートグラスによる作業モニタリング ・画像検査システム導入による キズ情報蓄積による品質基準の明確化	中

図3.6　課題一覧表の例

ことが必要です。

ここではIoT共通インフラについて説明します(図3.7)。

3.4.1　機器

IoTをよりよく活用するためには、設備を制御しているPLC(Programmable Logic Controller)や外付けセンサーで収集する情報の洗い出しと仕掛けが必要です。このように機器で情報収集することをセンシング(sensing)といいます。生産技術部門、IT部門、製造部門でほしい情報が正しく収集できるかを検討することが必要です。

3.4.2　ネットワーク

工場内の機器から情報収集する際には有線、無線という区別だけでなく、有線であればEthernet、EtherCAT、CC-Linkといった接続方法や通信規格の選定が必要となります。無線の場合も通信する帯域の選定が必要となります。この部分を適当に決めていると工場や工程の新設の都度新しいことに取り組むことになるため、安定するまでに手間と費用がかかります。既存の工場や工程では機器が既にあるため、選定の幅が限られ、工程ごとに接続方法が異なるのはある程度やむを得ませんが、収集したい情報項目や精度はコスト見合いになることもご理解ください。

最近はOPCやORiNといった国際標準規格が出て来てきており、異なる機器を同じネットワークに接続する方法がとられつつあります。しかしながらこの考え方も1つに統一されるか否かも含めて時間がかかると想定されますので、自社の現状や将来のビジネス展開を見たうえで最適な方法を取捨選択していく必要があると思います。

製造現場の方には何やら小難しい話に感じると思いますが、求める情報をできるだけ細かく正確かつリアルタイムに追求していけばいくほど、ネットワークの形式選択についての考慮が必要となり、これをおろそかにし

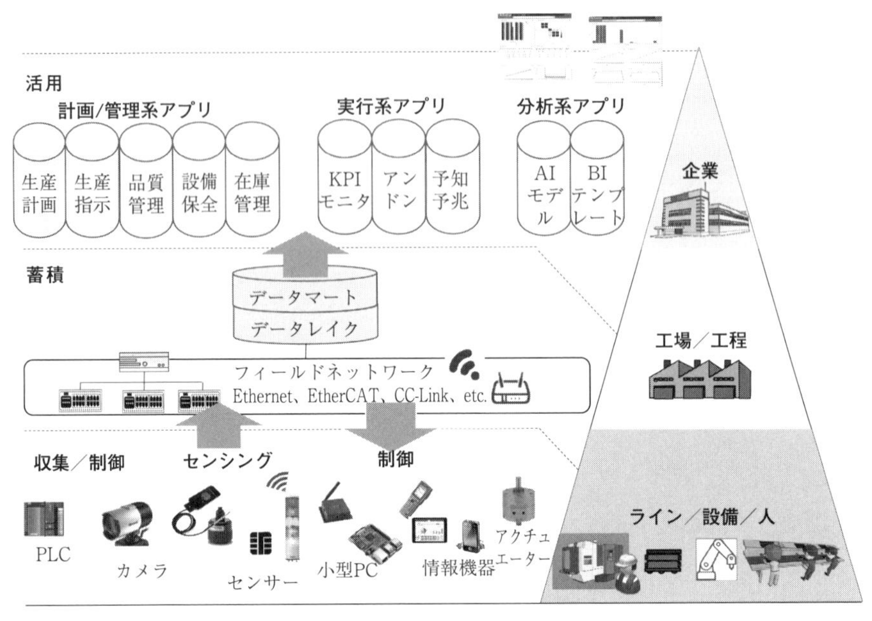

図3.7　FactryIoT体系図

ていると手間やコストがかかるのだとご理解ください。手っ取り早くすぐに効果につながることを意識するのであれば、最低限必要な情報に留めて低価格なセンサー類と無線環境をうまく活用するのがよいと感じます(図3.7)。

第4章

品質保証のあるべき姿

第4章では、品質保証のあるべき姿について解説します。

4.1 製品ライフサイクルから見た品質保証強化のポイント

ここでは品質保証体制強化の目的と製品ライフサイクルの観点から各フェーズで考慮すべきポイントについて説明します(図4.1)。

品質保証体制強化の目的は「高度な品質保証プロセスを確立」すること

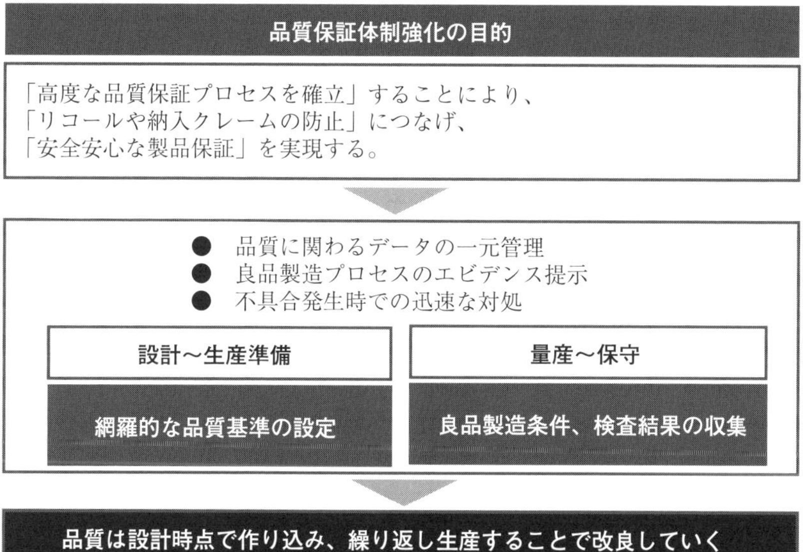

品質保証体制強化の目的

「高度な品質保証プロセスを確立」することにより、
「リコールや納入クレームの防止」につなげ、
「安全安心な製品保証」を実現する。

- 品質に関わるデータの一元管理
- 良品製造プロセスのエビデンス提示
- 不具合発生時での迅速な対処

設計〜生産準備	量産〜保守
網羅的な品質基準の設定	良品製造条件、検査結果の収集

品質は設計時点で作り込み、繰り返し生産することで改良していく

図4.1 品質保証体制強化の目的と考慮すべきポイント

により、「リコールや納入クレームの防止」につなげ、「安全安心な製品保証」を実現することにあります。

そのためのポイントは「品質に関わるデータを一元管理することで、良品製造プロセスのエビデンス提示や不具合発生時に迅速に対処可能とする」ことにあります。

そのうえで最も大事なのは、「設計～生産準備フェーズ」における「網羅的な品質基準の設定」と「量産～運用・保守」における「良品製造条件、検査結果情報の収集」です。品質は設計時点で作り込み、繰り返し生産することで改良していくことにあります。そのため、設計時点での「品質基準の設定」や生産時点での「品質情報の収集と基準の改良」のどちらも重要となります。ここでは、これらについて解説していきます。

4.1.1　品質基準の設定におけるポイント

品質基準の設定においては、製品設計、工程設計段階で「製品と品質基準」「工程と品質基準」を設定し、どの工程で品質確保を行うか決めていきますが、その際、次のような考慮が必要です（図4.2）。

① 設備で生産する工程では季節変動の考慮がされているかどうかチェックすることが重要です。通常は年間通して製造条件を一律設定していますが、夏と冬では良品製造がされる温度や加熱時間などの条件が微妙に変化します。

② 人が生産する工程では、人が作業した内容に対する品質確保の条件がすべて洗い出されていて、自工程で完結していることが重要です。

例えば、バリを削って部品を溶接するという作業が実際に発生していたとしても、購入した部品を溶接するとしか作業手順に反映されていなければ「工程と品質基準」の設定がされませんので、検査項目にあがらなくなってしまいます。物を削れば寸法が変わるので、強度の確認が必要となりますし、溶接すれば接合点がしっかり結合されてい

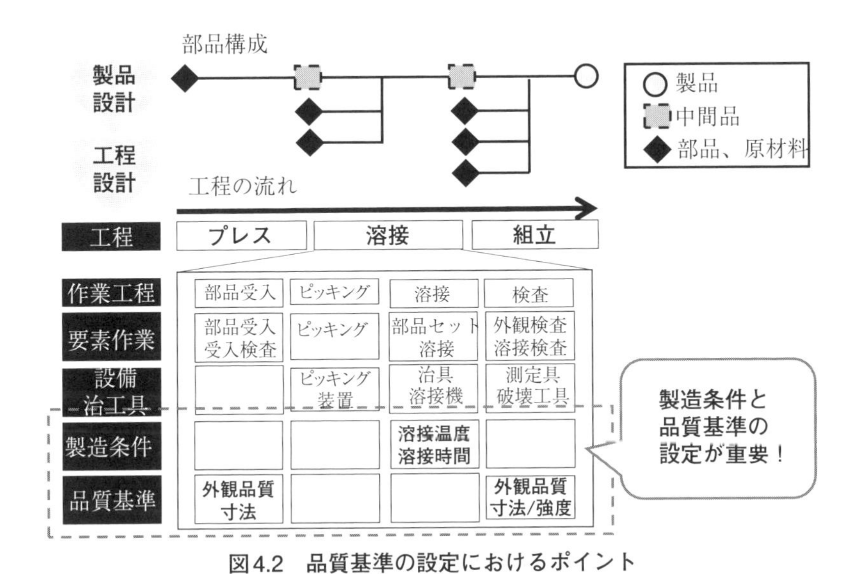

図4.2　品質基準の設定におけるポイント

るか確認が必要です。ですが、バリを削るという作業が要素作業として定義されていなければ、寸法測定するという検査項目が設定されません。

「季節変動」や「工程と品質基準」が確定していない新工法の場合は当初の設計段階で製造条件や品質基準を決めても、考慮できない不具合が発生するケースがありますので、何ロットか製造していく過程で見直しをしていくことが求められます。そのために製造時点の実測値の収集が最も重要なのです。

4.2　良品条件と4M視点での管理を強化する

ここでは量産～保守(生産～アフターサービス)における品質保証を強化するうえでの管理のポイントについて説明します。

4.2.1　良品条件に着目する

前項では「品質確保＝検査で不良を跳ねる」といったことを「各工程で良品を製造するプロセスを確保する」ことに意識を変えることにあります。そのために重要なのは「良品条件」となります。良品条件は各工程で良品を確保するための製造条件となります。例えば鋳造工程であればバリが出ない良品が製造できる温度や圧力といった製造の条件となります。

4.2.2　4Mの観点でのチェックポイント

「品質保証は常に4Mの観点で」というお決まりの話があります。4MとはMan：作業者、Method：作業方法、Machine：設備、Material：材料となります(図4.3)。

1)　Man：作業者

これは「誰が作ったか」です。しかしながら「誰が」はあまり関係なく、どの程度のスキルの者が作ったかが重要となります。したがって、作業者の持っているスキルをしっかり把握しておく必要がありま

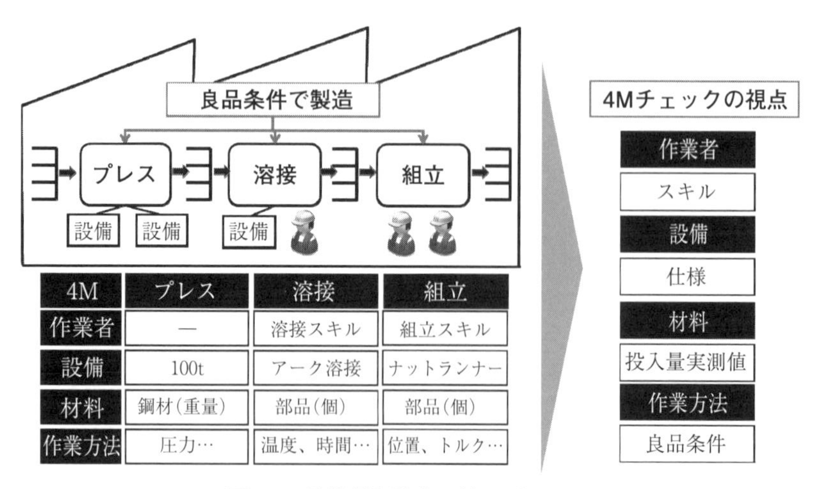

4M	プレス	溶接	組立
作業者	—	溶接スキル	組立スキル
設備	100t	アーク溶接	ナットランナー
材料	鋼材(重量)	部品(個)	部品(個)
作業方法	圧力…	温度、時間…	位置、トルク…

図4.3　品質保証強化の管理ポイント

す。

2) Machine：設備

こちらは「どの設備で作ったか」です。こちらも「どの仕様の設備で作ったのか」がわかることと、メンテナンスが行き届いていて正常に動作している設備で生産しているのかを把握しておく必要があります。

3) Material：材料

ここでは「材料の投入量の把握」が重要になります。硬い物を加工する場合はその金属の成分がどうなっているのか把握する必要がありますし、柔らかい液体を投入する場合はその成分と実際に投入した量を把握する必要があります。読者の方も何となく理解していると思いますが、柔らかいものを投入する際の実際に投入した量を毎回把握するのはなかなか難しいものであります。

4) Method：作業方法

こちらが4.2.1項で説明している良品条件となります。良品条件は季節など現場の環境で微妙に変化します。今までは熟練工の方がカンコツで良品製造を維持していた部分となります。

4.3 IoT活用による品質保証強化のあるべき姿

4.2節では、管理のポイントの説明をしました。問題を解決するためのIoTを活用した品質保証のあるべき姿は「品質保証に必要な情報を一元管理し、リアルタイムかつ定量的な分析にもとづき良品の製造条件の維持とクレーム発生時の対処の迅速化を図る」ことにあります(図4.4)。

したがって、品質保証に必要な情報は以下の4つです。

① 品質基準

② 検査実績

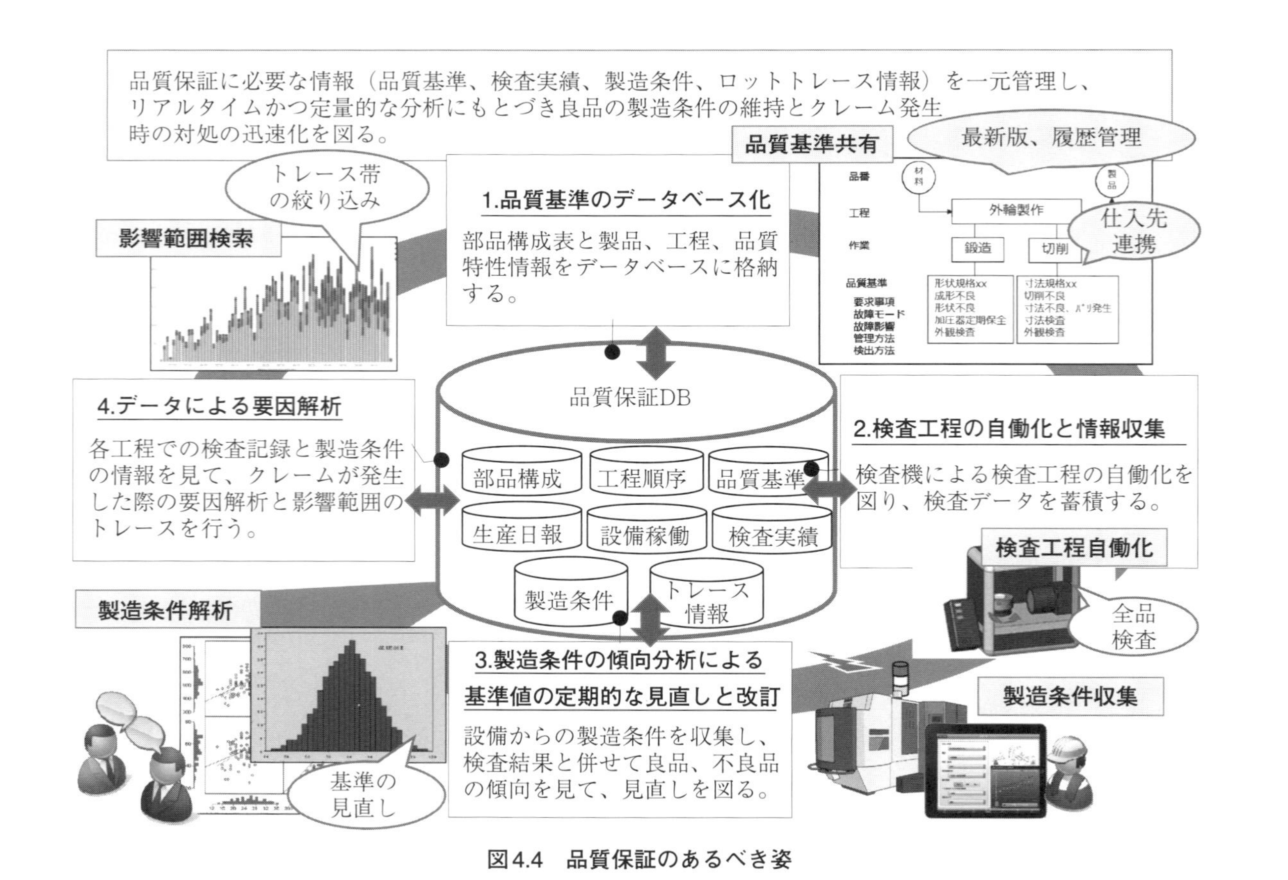

図4.4　品質保証のあるべき姿

③ 製造条件

④ ロットトレース情報

また、この第4章では、業務の流れとその重要ポイントについて説明します。以下のようなポイントです。

a. 品質基準のデータベース化→部品構成表と製品、工程、品質特性情報の共有化

b. 検査工程の自働化とリアルタイムな情報収集。→抜き取り検査から全品検査への移行

c. 製造条件の傾向分析による品質基準値の定期的な見直しと改訂。

d. クレーム発生時の要員解析のスピードアップと精度向上

4.3.1 品質基準のデータベース化

品質保証のためには、製品⇒半製品⇒部品⇒原材料の部品構成表に対し、製品、工程、品質特性情報を紐つけてデータベース化を図ることが大事です。

製品には設計変更や工程変更が発生しますので、都度、製品、工程、品質特性の情報も複数部門が連携し改訂が必要となります。特に大規模の製造業では多くの部品を関係会社、仕入先に委託することが多いため、その連携も重要です。これらを把握し、コントロールするためにはデータベース化は欠かせないのです。

4.3.2 検査工程の自働化とリアルタイムな情報収集。抜き取り検査から全品検査への移行

トヨタ生産方式で使われる「自動化」は、ニンベンの付く「自働化」です。「自働」とは、機械に善し悪しを判断させる装置をビルトインした機械であり、「自動」は動くだけのものです。機械を管理・監督する作業者の動きを「単なる動き」ではなく、ニンベンの付いた「働き」にすることが「自働化」を意味します。「異常があれば機械が止まる」ことで、不良

品は生産されず、1人で何台もの機械を運転できるので、生産性を飛躍的に向上させることが可能です。

例えば、外観検査については検査工程そのものを画像認識による自働化を図るのが有効です。現在は高精度のカメラの価格が数年前の10分の1程度となり低コストで実現が可能となりました。検査工程を自働化することにより検査の精度を上げて、後工程でのダブルチェックを防止することによる省人化につなげることができます。あわせて、検査機からデータを収集するができるようになり、リアルタイムに使い形で情報収集が可能になります。

この方法を形状の計測にも利用することで、計測も全品検査に移行できるようになっています。

4.3.3　製造条件の傾向分析による基準値の定期的な見直しと改訂

検査工程からの良品不良品の情報と設備で加工している際の温度や湿度の製造条件の情報を複合して解析することにより、品質を確保する製造条件の傾向分析が可能になります。その条件の情報を定期的に品質情報データベースにフィードバックすることにより、次の製品設計、工程設計の改善につなげることができます。

4.3.4　クレーム発生時の要因解析のスピードアップと精度向上

各工程での検査記録と製造条件の情報を見て、クレームが発生した際の要因解析と影響範囲のトレースが品質情報データベースと連携してデータ解析ができるようになります。品質保証部門でもその情報を活用することで、解析を迅速に行うことが可能となります。

上記の流れで業務のPDCAを回すことにより、品質保証体制を強化しながら安定したものづくりの維持につなげます。

第5章

IoT共通基盤を構築する

IoT活用による大きな変化点は設備から収集した良品条件のビッグデータを活用することにあります。少子高齢化の波からどんどんロボティックスや自動搬送設備の活用による自働化が推進されるうえで重要なテーマとなります。

良品製造条件の可視化は「量産～運用・保守」フェーズでの大量の生産が対象となります。IoTの活用については「収集」「蓄積」「活用」のステップに分かれます(図5.1)。第5章では、まずIoT共通基盤を構築するうえで重要な「収集」「蓄積」の観点について解説します。

5.1 「収集」の目的、手順、作業上のポイント

品質保証強化のために最初の工程から最後の工程までの品質に関わる情報収集をする仕掛けを作る際には次の観点で情報収集を行うことが重要です(図5.2)。情報収集においては、データ項目の洗い出し、情報収集サイクルの定義、情報収集における7つのムダと2Sの考慮がポイントとなります。7つのムダとは以下の7つです。

① つくりすぎのムダ

② 在庫のムダ

③ 運搬のムダ

④ 手待ちのムダ

⑤ 不良をつくるムダ

⑥ 加工そのもののムダ

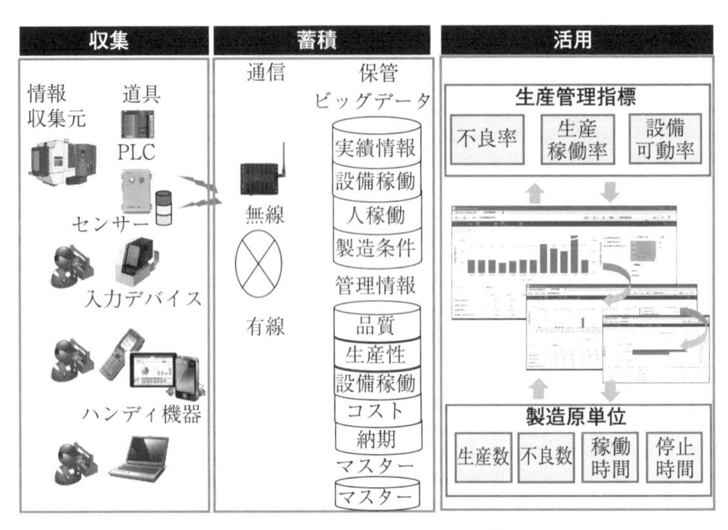

図5.1　IoT活用のステップ

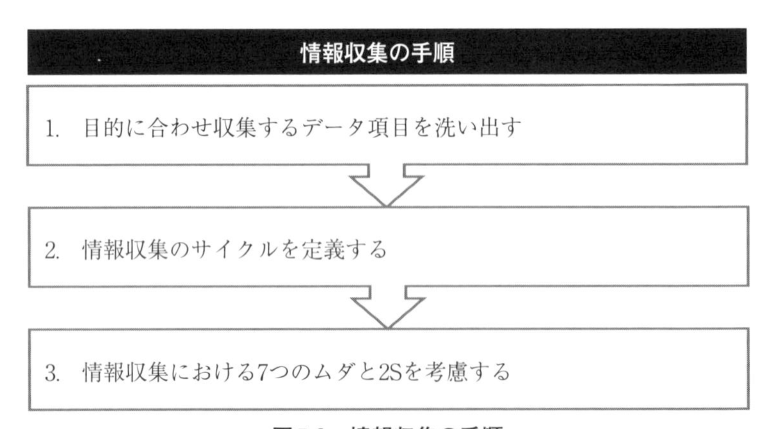

図5.2　情報収集の手順

⑦ 動作のムダ

また、情報収集における2Sは「整理」と「整頓」をさします。

特にIoT導入においてAIやエッジコンピューティングといった手段が先行して目的が不明確のままプロジェクトが進む話をよく耳にします。

IoT導入の目的は大きくは「トレーサビリティ」「生産管理」「予知保全」の3つに層別されます。その目的を達成するために次の手順で情報収集項目の洗い出しを行うのです。

5.1.1 情報収集目的の明確化と項目の抽出

ここでは情報収集項目の洗い出し方の手順について具体的に解説していきます。重要なのは目的に合わせて収集するデータ項目を洗い出すことです。現場から収集するデータと目的は大きく次の3種類に層別されます(図5.3)。

① トレーサビリティ

② 生産管理

③ 予知保全

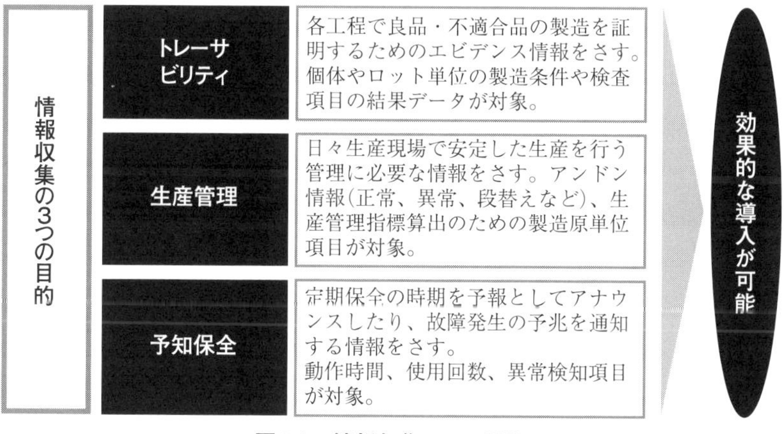

図5.3 情報収集3つの目的

①の「トレーサビリティ」とは、トレーサビリティ(Traceability)とは、トレース(Trace：追跡)とアビリティ(Ability：能力)を組み合わせた造語で、日本語では「追跡可能性」と訳されています。追跡情報の対象となるのは各工程での良品・不適合品を証明するためのエビデンス情報です。つまり個体やロット単位の製造条件や検査項目の結果データが対象となります。

②の「生産管理」とは、経営計画あるいは販売計画に従って生産活動を計画し、組織し、統制する総合的な管理活動のことで、ここでは生産現場で安定した生産を行う管理に必要な情報をさします。アンドン情報(正常、異常、段替えなど)生産指標算出のための製造原単位項目が対象です。

また、③の「予知保全」は、定期保全の時期を予定としてアナウンスし、故障予兆の情報を通知する情報をさします。動作時間、使用回数、異常検知項目が対象となります。

②の「生産管理」の目的である生産管理指標について補足説明します。現場のものづくりの状況は生産管理指標(KPI)で把握をします。人間で例えますと健康状態を血圧、体重、体脂肪などで判断することと同じことです。

トヨタ生産方式のものづくりが健全かどうかは、一般的には可動率(べきどうりつ)、不良率、生産稼働率で判断をします。各指標の目的と計算式については、図5.4内にも載せましたが、以下のとおりです。

不良率＝(総生産出来高－良品)/総生産出来高

生産稼働率＝(売れる数×MCT)／(稼働時間－段替時間)

設備可動率＝(売れる数×MCT)／実稼働時間

なお、MCTは「マシンサイクルタイム(工程の加工時間)」のことです。

5.1.2　情報収集サイクルの定義

次にそれぞれの項目を収集するサイクル(収集周期)を定義します(図

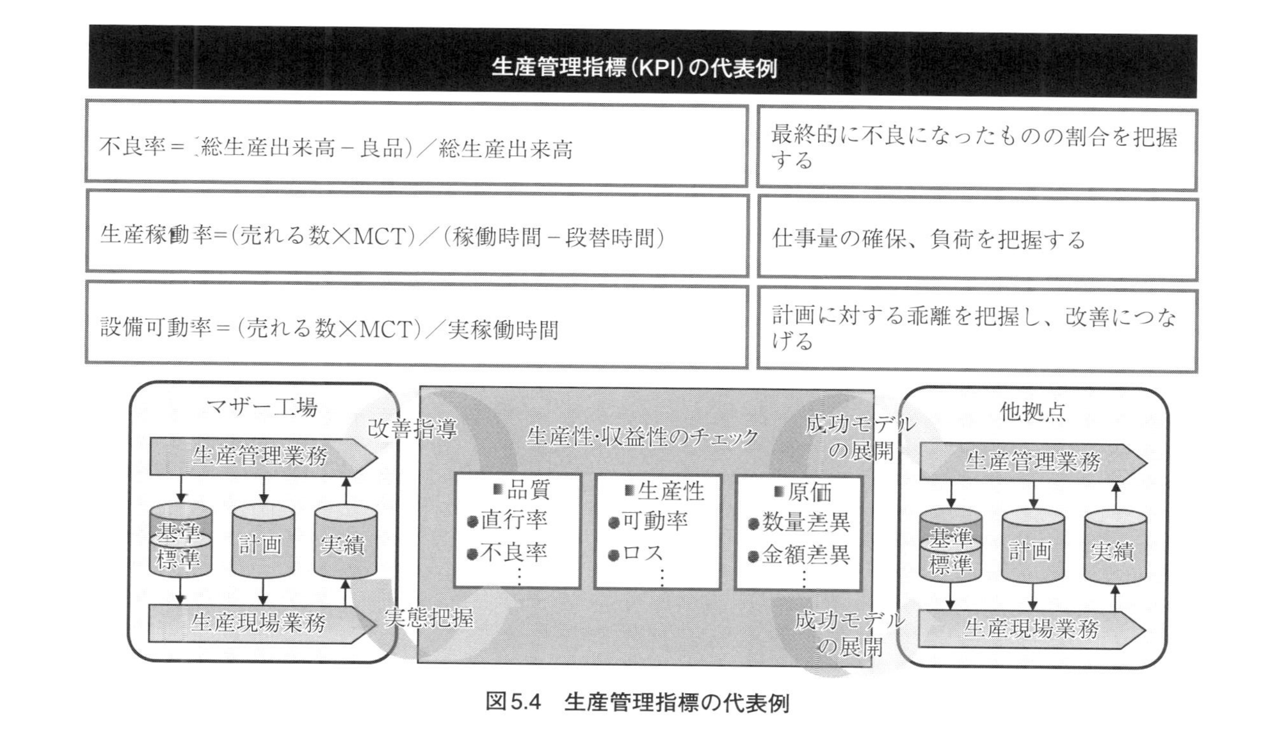

生産管理指標（KPI）の代表例	
不良率＝（総生産出来高－良品）／総生産出来高	最終的に不良になったものの割合を把握する
生産稼動率＝（売れる数×MCT）／（稼働時間－段替時間）	仕事量の確保、負荷を把握する
設備可動率＝（売れる数×MCT）／実稼働時間	計画に対する乖離を把握し、改善につなげる

図5.4 生産管理指標の代表例

目的		収集間隔
トレーサビリティ	通常	各工程のサイクルタイムの単位 例）60秒単位など
	特殊	波形情報として収集が必要な場合は最低0.1秒単位の情報が求められる
生産管理	アンドン	0.1秒～1秒単位での設定が一般的
	改善活動	サイクルタイムの単位～時間単位
予知保全	定期保全	数十秒～数分単位
	予兆管理	最低0.1秒単位で収集が必要

すべて細かい単位で情報収集をすると
「膨大なデータ保管」「サンプリングのムダ」が発生

図5.5　情報収集サイクル設定例

5.5)。情報収集の間隔は短ければよいというのではありません。あくまで「収集項目の具体的な洗い出し」の目的を満たすために必要な情報収集のサイクルを定義していかなければなりません。

図5.6から目的に応じて情報収集の粒度は大きく異なることがわかります。間違ってもやっていけないのはすべて細かい単位で情報収集をすることです。これを行うと使用しない膨大なデータ量を保管する必要が出てくるとともに、後からデータをサンプリングといった形で間引いたりするムダが生じます。

5.1.3　情報収集における2Sとは

IoTで情報収集する際によくデータクレンジング（またはクリーニング）という言葉をよく耳にします。これは精度の悪いデータを排除して精度のよいデータのみを扱うといった表現として使われています。これも大事ですが、他にも大事なことがあると私は考えています。私が考慮すべきだと

分類	収集項目	利用目的			単位	収集間隔
		生管	品管	保全		
人	CT	○	○		秒	1サイクル単位
	作業位置	○	○		座標	1サイクル単位
	MT	○	○		秒	1サイクル単位
設備	熱処理温度		○		度	秒or分
	熱処理時間		○	○	秒or分	秒or分
	停止時間	○		○	秒or分	秒or分
	稼動時間	○		○	分or時	分or時
工程	ロットNo.		○		–	1サイクル単位
	MCT	○	○		秒	1サイクル単位
	生産数	○	○		個	分or時
	不良数	○	○		個	分or時

目的に対し、必要項目を洗出し、単位/収集間隔を設定する

図5.6 収集項目例

思う点について次に説明します。

5.1.1～5.1.3項では目的ごとに必要な情報を洗い出し、目的のために必要な粒度で収集するサイクルを定義してきました。そうすることで、情報の2S(整理・整頓)を行います(図5.7)。トレーサビリティ、生産管理、予知保全の目的に必要な項目は同一項目の場合もあれば、別々になる場合もあります。目的を決めて項目を洗い出せば、使い道のない項目を何となく収集することを防ぎ、抜け漏れなく項目の洗い出しができます。

最近よく聞くのは、ロボットによる自動化です。今まで人が設備を使って作業をしていたり、置き場から物を取り出して設備に入れたり、取り出したりしていた部分を最新工場ではロボットに変えています。そうなるとロボットが止まるとラインが止まってしまうので、ロボットから情報収集したいという話になります。ロボットメーカーのシステムではロボットの健康状態さながら細かい情報が取れます。例えば、関節の動きをするサー

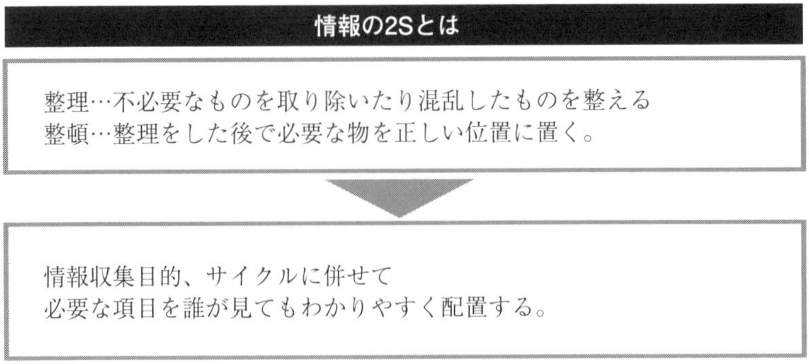

情報の2Sとは

整理…不必要なものを取り除いたり混乱したものを整える
整頓…整理をした後で必要な物を正しい位置に置く。

情報収集目的、サイクルに併せて
必要な項目を誰が見てもわかりやすく配置する。

図5.7　情報収集の2Sとは

ボモーターのトルク値や血液の流れのように電流の値などが事細かに見られます。それぞれの間接の動きや血液の流れを見て、そろそろ部品交換しようといった判断ができます。しかしながらロボットは物を動かす目的で使用していますので、本当に重要なのは加工する際のいろいろな製造条件となります。品質を確保するために安定した生産を維持するうえでロボットの可動率を高くすることは大事ですが、収集したことに対する効果を見て、どこまで細かく情報収集するか優先順位を設定すべきです。

そして、設備から情報収集する際には一般的にはPLCに格納されたデータから情報収集を行うことが一般的です。しかしながら、工場の入口から出口までには複数メーカーの異なる設備が何台も設置されます。PLCに格納する情報は区画整理をして、異なるメーカーの異なるPLC間でも共通フォーマットでデータを格納しておく必要があります(図5.8)。

そうすることで設備の増加や設備から収集する項目の追加／変更についても混乱せずに管理していくことが可能となります。

5.1.4　情報収集における7つのムダ排除の考慮

収集した情報が適切か判断するには次の「7つのムダ排除」の観点を使

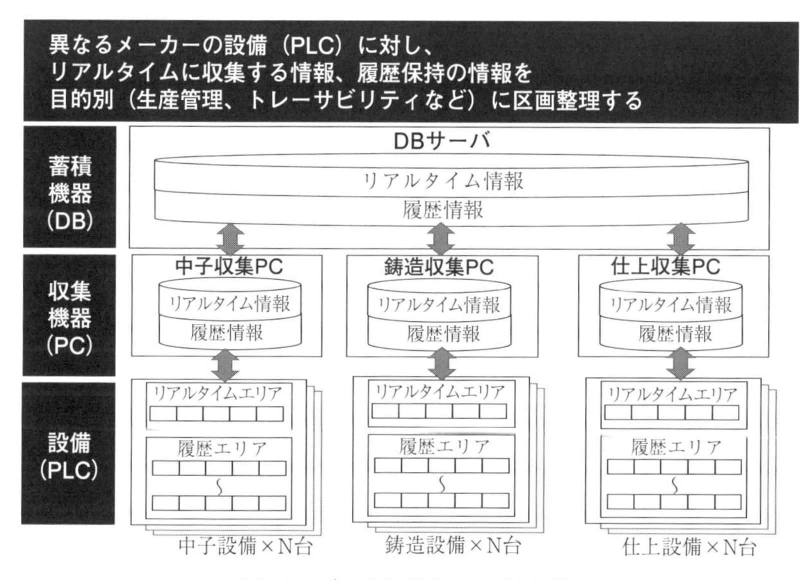

図5.8　データ収集項目の2Sの例

用するとわかりやすいです(図5.9)。

① **つくりすぎのムダ**：その時点で必要のないものを余分につくっていないか？

② **在庫のムダ**：完成品、部品、材料が倉庫などに保管され、すぐに使用されていないことはないか？

⇒目的のないデータを収集しない。必要以上に細かい間隔でデータをとることで、膨大なデータ保管を行って余分な管理をしないこと。

③ **運搬のムダ**：モノの必要以上の移動、仮置き、積み替えなどのことはないか？

④ **手待ちのムダ**：前工程からの部品や材料を待って仕事ができないことはないか？

⇒必要な情報を最低限必要な粒度で小まめに通信していること。

⑤ **不良をつくるムダ**：不良品を廃棄、手直し、作り直しすることはな

情報収集における7つのムダチェックポイントとは

(1) つくりすぎのムダ (2) 在庫のムダ (3) 運搬のムダ (4) 手待ちのムダ	(5) 不良をつくるムダ (6) 加工そのもののムダ (7) 動作のムダ

- 目的のないデータを収集したり、必要以上に細かい間隔でデータをとることで、膨大なデータ保管を行って余分な管理をしないこと。(1)(2)
- 必要な情報を最低限必要な粒度で小まめに通信していること。(3)(4)
- 精度を確かめないで分析できない粒度の情報を収集しないこと。(5)
- 情報発生時点で収集できる情報を蓄積までの経路の中で段階的に情報付加したり、計算結果を加えてわかりにくくないこと。(6)(7)

図5.9　情報収集における7つのムダチェックポイントとは

いか？

⇒精度が悪い情報、分析できない集計した粒度の情報を収集していないこと。

⑥　**加工そのもののムダ**：従来からのやり方の継続といって、本当に必要かどうか検討せず、本来必要のない工程や作業を行うことはないか？

⑦　**動作のムダ**：探す、しゃがむ、持ち替える、調べるなど不必要な動きはないか？

⇒情報発生時点で収集できる情報を蓄積までの経路の中で段階的に情報付加したり、計算結果を加えたりしてわかりにくくしていないこと。必要情報は最初から収集項目としていること。（極力後付けしていないこと）

ここで最も重要なのは収集したデータの時刻の同期をすべての設備で合

わせることです。そのためにどこかで基点となる時刻を設定しているマスターサーバと少なくとも1日1回程度、すべてのPLC間で通信を行い、時刻を合わせます。時刻設定もPLCでデータが発生した時刻を設定する必要があります。エッジコンピューティングの技術の場合、PLCのデータをサーバから収集した際の時刻を後付けで行う場合があります。そうすると実際にデータが発生した時刻と異なる結果となり、そもそものデータの精度を損なうことになります。意外とこのような常識的なことをIoT、ITベンダー側が理解していないケースがありますので、ご注意ください。

次に、余分なデータを極力とらずに必要なデータに絞って収集することです。先程も述べましたができるだけ細かい粒度で細かい間隔でとれば何にでも利用できるといった観点で情報収集を行っているケースが多いです。必要なビッグデータは宝の山ですが、不要なビッグデータはごみ溜めなのだという理解をしていただくとわかりやすいと思います。

今は海外で生産をしているケースが多いです。主力工場が中国やASEAN地域にあり、そこでビッグデータを収集してもそのデータを国内の設計部門に活用したい場合、データ転送に膨大な時間を要するといったインフラ面の問題にぶつかります。こういったことも考慮して7つのムダ排除の観点での収集項目のチェックをしていただきたいのです。

5.2 「蓄積」の手順、作業上のポイント

5.2.1 通信方式の概要

ここでは、「蓄積」における手順について説明します。

まず、情報収集を行うには「設備内臓のセンサー」「外付けセンサー」「情報機器」を使用してデータを取得します。次に取得したデータをネットワークでサーバと呼ばれる「蓄積用の機器」に通信したうえで、保存します。ネットワークで通信する際には機器間をケーブルでつないで通信す

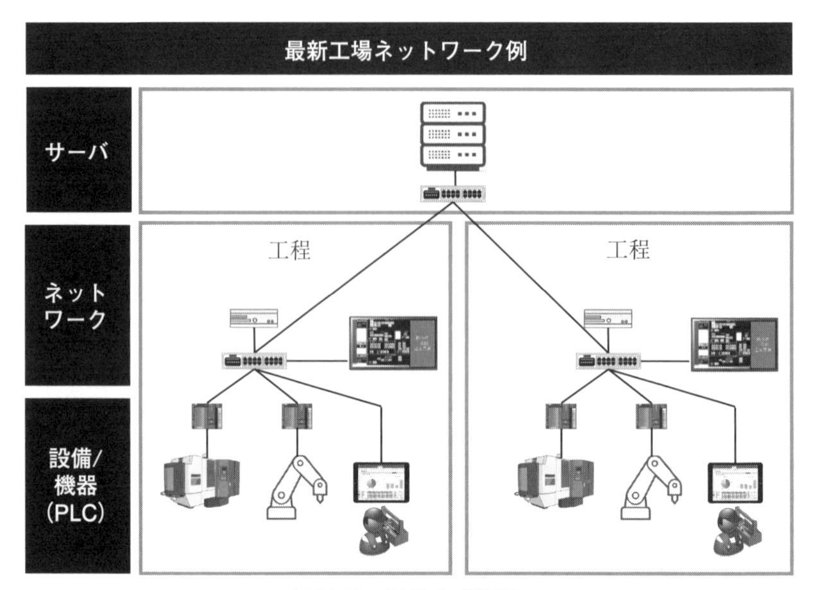

図5.10　通信方式概要

る有線の方式や構内(WIFI)や携帯電話網(3G、4G)を使用した無線の方式があります。通信で送信されたデータをサーバ側に保存することにより蓄積します(図5.10)。品質保証に必要なデータはトレーサビリティに活用するため、精度の高いデータを100%収集する必要があるため、現在は有線のネットワークで収集する手段が主流です。データの蓄積については各工程のエリアごとに一旦集めたデータを工場の各エリアに吊り下げられた大型モニターや設備のモニターにリアルタイムに表示する目的で使用したり、最終的な全工程のデータを格納する目的で機器を分けるといった構成がとられています。

5.2.2　情報収集の方法

まず、データを収集する際には設備内臓のセンサーからPLC経由でデータを収集します。PLCで制御をしない設備の場合は設備の端子から直接情報を収集する方法をとります。設備から収集できない情報は現場のタッチパネルから手入力をします。各手段についてもう少し掘り下げます。

(1) PLC

設備を制御しているPLCにデータを直接集めることができます。PLCには制御する目的だけでなく、情報収集や通信をするエリアがメーカーごとに決められていますので、そのエリアを使用します。

(2) 外付け機器

設備の端子から直接信号を取得します。最近は何点かの端子を1つの中継機器に集約し、LANの配線で転送できるようになっています。

(3) タッチパネル

現場に設置した機器に直接手入力します。抵抗膜方式と呼ばれるゲーム機やスマホでよく使われているものから静電容量や電磁誘導方式に変わってきています。前者は指や通常のペンが使用できるが、精度は限られ耐久性は弱い。後者は精度が良く耐久性にも優れるが手袋や通常のペンは使用できず、指や専用のペンが必要となります。

特に情報収集機器として今までは圧倒的にPLCの使用例が多かったのですが、最近は産業用PCも普及してきました。特に日本国内ではPLCをラダー言語で制御することが当たり前の世界となっています。しかしながら、ラダー言語が設備の制御にのみ利用することから扱える人材が高齢化している現状もあります。それに対し、産業用PCを制御するのは一般的なITで使用されるPython言語(パイソン)となり高級言語のため、構造化プログラミングで効率的な処理記述が可能なことと、今後注目されるIoT、AIの共通言語となっていることから全世界的に飛躍的に利用者が増えているのが実情です。このことからPLC、PCの利点を生かして仕組み

表5.1　PLCとPCの比較

	PLC	産業用PC
耐久性	・不安定な電源環境対応 ・可動部無 ・制御盤内での利用により防塵防滴温度対応 ・耐用年数7〜12年	・不安定な電源環境対応 ・可動部無 ・防塵防滴温度対応 ・耐用年数5〜10年
開発言語	・ラダー言語 (技術者は比較的少ない)	・SCADAソフト ・Python言語(技術者は多い)
価格	数万円〜数十万円程度 ・制御費用は別途	数万円〜数十万円程度 ・制御費用は別途
総合評価	PLCが同一メーカーで統一されており、社内にラダー技術者がいる場合は有利	複数メーカーのPLCやタッチパネルなどを組み合わせる場合には有利

の構築を図っていただくとよいと思います(表5.1)。

5.2.3　ネットワークによる通信

次に取得したデータを通信します。ここでは有線での通信方法について説明します(図5.11)。

まず、PLC、外付け機器、タッチパネルで取得した情報はLANケーブルを使用してイーサネット(Ethernet)で接続するのが一般的です。昔は100Mbpsでしたが、最近は1Gbps(ギガビット)が主流となっています。ネットワーク機器や接続ケーブルにより対応速度が変わりますので、その点について機器選定には注意が必要です。また、1Gbpsといっても実際の速度はかなり落ちますので通信量についてはその点の考慮も必要です。

(1)　ネットワークスイッチ

通常のLANケーブルは最大100mとなります。ケーブルの種類を変え

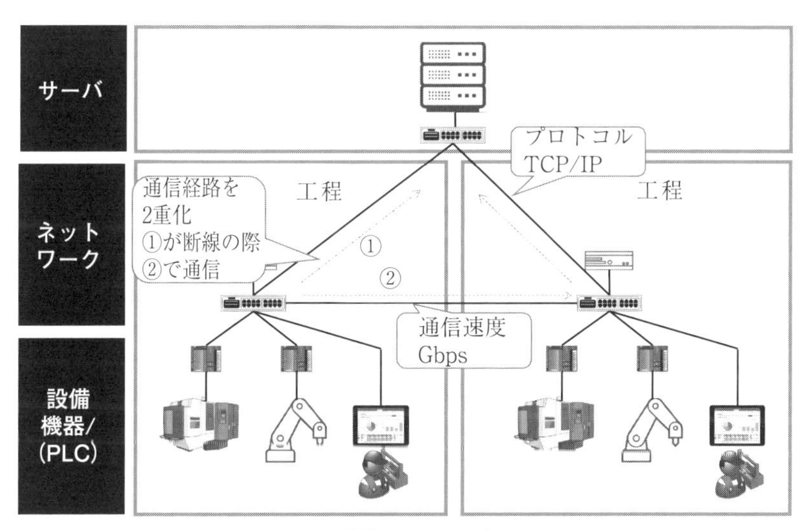

図5.11 通信におけるポイント

ると長距離接続も可能ですが、長距離になる場合はネットワークスイッチと呼ばれる機器を使用してつないでいきます。これも産業用となると最近は耐久性に優れており、接続する線の数(ポート)が多いものが増えてきています。また、最近はセキュリティ対策のため、接続するポートのデータ(パケット)を監視してウィルスなどの不良データは通さないような機器も出てきています。

(2) ネットワーク配線

配線についてはLANケーブルを使用して配線していきます。トレーサビリティに必要なデータは100%収集が必要となりますので、通信経路を2種類にしておき、1カ所の通信が遮断されても迂回路を使って通信を確保する方式をとる必要があります。

⑶　通信プロトコル

イーサネットの通信はTCP/IPのプロトコルとなります。この通信方式の利点は長いデータを複数に分割して送り受取側で組み立てますので、途中でデータが欠落しても再送して確実に届けます。そのため、データ送信に対する信頼性は高いです。欠点としては通信量が多くなると交通渋滞(コリジョン)が起こるため、いつまで立ってもデータが届かないといったことが発生します。

最近はMQTTプロトコルを機器接続に使用するケースが出ています。これは送信側が送るデータをデータ領域に一旦保持しながら、受信側の処理が完了するのを待たずに次の処理へ移る方式です。センサーから取得した細かいデータをとりあえず送り、受け取った側はデータを蓄積して順番に後続に流す方式となります。クラウドサービスはこの方式を基本採用しています。1秒間に100回以上のこまめな通信が必要な場合にはこちらの方式の採用が主流になりつつあります。

5.2.4　サーバへの蓄積

通信したデータは次の目的で処理して、データを蓄積することになります。目的に合わせて処理するサーバを分けて考えるとわかりやすくなります。

⑴　リアル制御用サーバ

アンドン表示用やリアルタイムに生産状況を表示する目的で設備から収集したデータをすぐに処理してモニターに表示する目的のサーバ機器。

⑵　蓄積用サーバ

トレーサビリティなど精度の高いデータを100%蓄積するための格納目的のサーバ機器。

(3) 公開用サーバ

工場で蓄積したデータを他部門で活用する目的のサーバ機器。

これまでは集中用のサーバの下にすべての設備から集めたデータを蓄積したり、モニターに生産状況を表示するといった方式が主流でしたが、その方式だと工程が拡大した際にサーバ増強が必要となったり、サーバがダウンするとすべての工程の操業に影響を与えるといったリスクが大きい欠点がありました。最近は各工程のセグメントごとにデータを収集し、モニターに生産状況を表示する機器を置いて分散処理をする方式がとられるようになってきました。

公開用については他部門のアクセスにより、負荷が高くなって工場の操業に影響が出ないようにするため、工場の操業用と公開用は機器を分けるといった工夫もされています。工場の操業は少なくとも秒単位のリアルタイム性が求められますが、公開用はそこまでのリアルタイム性は要求されません。

ただし、システム構成を設計するうえで集中方式や分散方式についてはメリット、デメリットがあるため、自社の目的に合わせて方式を決定するとよいと思います。集中式のメリットは機器類の台数が少なくなるため、障害発生に対する対策を講じる部分が減ります。逆に集中した機器が故障するとすべての工程に影響が出ます。そのため、完全二重化方式をとることが多いのですが、こうするとハードウェアと信頼性確保のソフトウェアの価格が急に上がります。逆に分散方式をとるとリーズナブルな機器類を組み合わせるため、コストを抑えつつ障害発生時に影響範囲を最小にとどめることができます。逆に管理する機器類が多くなるため、バックアップやリカバリーの考慮が大事になってきます(図5.12)。

5.2.5 データのバックアップとリカバリー

そこで、データのバックアップとリカバリーの観点について簡単にポイ

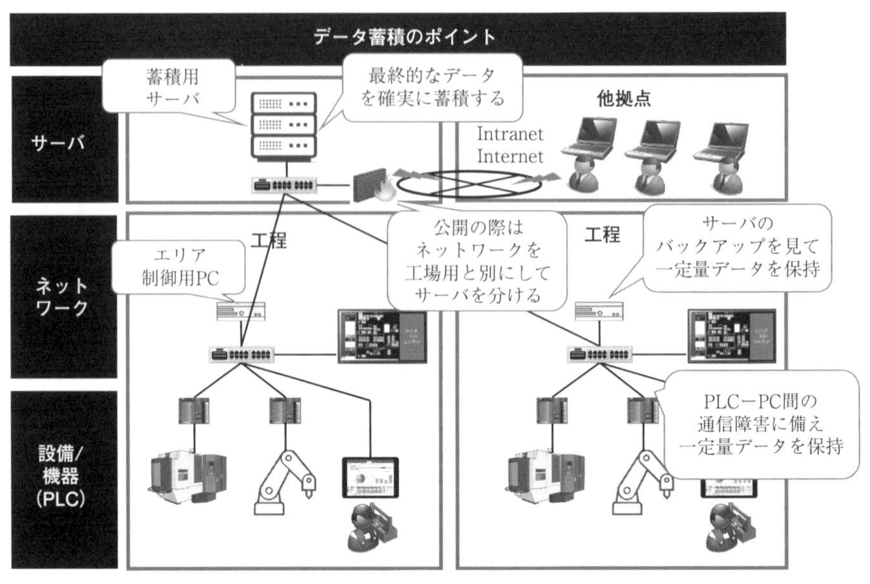

図5.12　データ蓄積のポイント

ントを次にまとめます。

(1)　バックアップ

どこで障害が発生したらどうリカバリーするか検討してバックアップの計画を立てる必要があります。

例えばPLC→収集用PC→蓄積用サーバといった構成ではPLCが故障すると設備が止まりますので、物が作れなくなります。そのため、データは収集できないため、設備を復旧させる対策のみでよいです。

しかし、収集用PCが故障すると設備は動いているが、PCにデータが集められないため、PLCにある程度データを保持しておくか、PCを二重化する考慮が必要となります。蓄積用サーバが故障すると操業している間のデータが蓄積できなくなるため、PCに一定時間のデータを保持しておく必要があります。バックアップを日単位で取得しているのであれば最低1日分のデータはPCに保持しておく必要があります。

(2) リカバリー

PCやサーバの故障の際の復旧時間を明確にしたうえで、バックアップの確保やリカバリー方法について検討します。リカバリー時間を短縮するには低価格な機器類は予備品を用意しておいて差し替える方法またはメーカーの保守サービスですぐに対処してもらう方法をコストや復旧時間の観点から選択するとよいです。

第6章

良品製造条件収集の実践事例

ここでは大手製造業の新設工場建設における工場の入口から出口までの一式の数百台の設備から良品条件を収集するIoTシステム導入の実践事例について解説します。作業の進め方や成果物作成の仕方、作業上の留意点について具体的にまとめていますので、プロジェクトを進めるうえでの参考としてください。

次の手順で説明をします(図6.1)。

① システムコンセプトの作成

② 良品条件の抽出

③ 項目の定義

項番	分類	タスク	成果物
6.1	企画／構想	システムコンセプト作成	システムコンセプト
6.2	業務設計	良品条件の抽出	良品条件抽出シート
6.3		項目の定義	項目定義書
6.4	システム開発	PLCアドレス定義	設備アドレス定義書
6.5		ネットワーク設計	機器配置図／システム構成／通信設定表
6.6		データベース設計	DB定義書
6.7		設備情報収集開発（SCADA）	通信項目定義書/PG
6.8		分析機能開発（BI）	活用モデルデータ定義/PG

図6.1 導入手順一覧

・PLCアドレスの定義
・ネットワークの設計
・DBテーブルの定義
・SCADAソフトの設定
・BIツールの設定

6.1　システムコンセプトの作成

まずは企業内でIoTを活用する目的を明確にするためにシステムコンセプトを作成します。IoTは「収集」「蓄積」「活用」の仕組みとなりますが、どの業務目的を達成するために導入するのかを明確にしなければ導入しても効果が出ません。AIとIoTを活用するという経営者の指示の下で実施した結果、ネック工程部分にIoTやAIを適用してその工程は最適化されたが、全社的に横展開ができず暗礁に乗り上げるといった話をよく耳にします。そのうえでもまずは羅針盤としてのシステムコンセプトが重要なのです(図6.2)。

書き方について簡単に説明します。

・IoTのコンセプトを一行で表現する
・コンセプトをブレークダウンしたサブのコンセプトを記述する
・イメージを絵で表現するために工場の工程の流れを記述する
・業務への活用ポイントを表現する
・IoTで活用する技術や道具を記述する
・工場とつながる相手先を記述する

6.2　良品条件の抽出

生産技術部門の設備設計担当者からヒアリングすることにより、各工

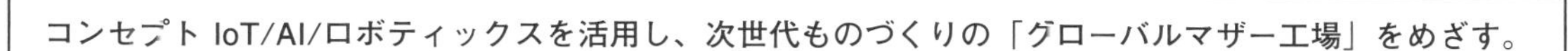

1.高品質：各工程の製造条件のモニタリングによる品質管理の向上とトレーサビリティ強化を図る
2.高生産性：予知保全の実現により高い可動率を維持し安定した生産につなげる
3.自働化：コンパクトラインとロボティックスによる工程の整流化、同期化による自働化を図る
4.徹底的なムダ排除：IoTによる収集、蓄積、活用により7つのムダを徹底排除する
5.最新技術の活用：エッジコンピューティング、センサー、AIを積極的に活用する

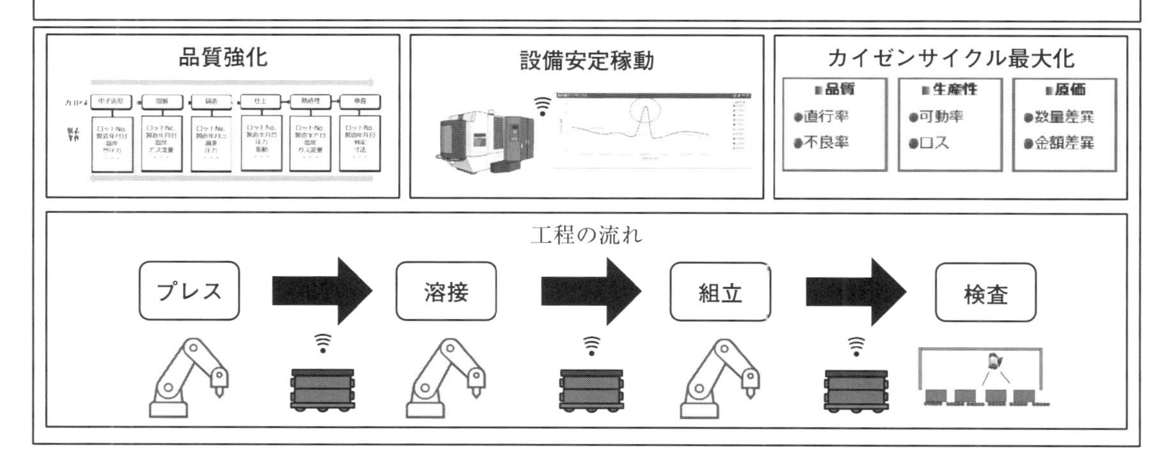

図6.2　IoTコンセプト例

No.	工程/設備			目的			項目	単位
	プレス		溶接					
	100t	200t	ロボット	品管	生管	保全		
1	○	○	○		○	○	MCT	秒
2	○	○		○		○	圧力	Mpa
3			○	○			溶接温度	℃
…								

図6.3　良品条件項目抽出シート例

程、設備で製造するうえでの良品条件を洗い出します(図6.3)。

次の手順で作業を行います。

① まず、工程とそこで加工する設備の洗い出しをする

② その設備ごとに良品条件を項目として洗い出す

③ 良品条件の業務への活用目的をまとめる

6.3　項目の定義

良品条件を抽出した後、項目の定義を行います。項目の定義は「項目名を統一する」「属性を決める」「桁数と単位を決める」「値のサンプルを記入する」となります。

6.3.1　項目名を統一する

「マシンサイクルタイム」や「稼働時間」といった項目はどの設備でも取り扱う共通項目となります。そのため、項目名を統一する必要がありますので、項目定義の辞書として、まず項目名とその項目の定義について記述します。

この部分が原単位項目となりますので、最も重要です。何となく項目名

を洗い出すのではなく、誰が見ても直感でわかるような言葉や説明をしっかり記述することが大事です。

工場全体の工程設計となると、生技部門の担当者も複数になります。そのため、担当者間でも項目の定義を明確にしておかないと、ある設備は共通項目が漏れていたり、名称が異なったりします。

6.3.2　属性を決める

属性については「文字列」「数字」「制御コード」に大きく分かれます。「制御コード」は設備の制御で使用している、PLCのアドレス位置やエラーコードを表します(図6.4)。

数字の項目は「計測値」「区分値」「日付・時刻」「状態信号」に細分化されます。

- ・計測値…温度や圧力などの設備のセンサーから計測した値を表します。
- ・区分値…OK、NGなどの区分を表します。
- ・日付・時刻…日付・時刻を表します。
- ・状態信号…ON、OFF信号を表します。

まず、論理的な属性を定義します。次に論理的な属性値に対してPLCで扱う物理的な属性値を定義します。設定例については次に説明します。

- ・数字(計測値、区分値、日付・時刻）…BIN
- ・数字(状態信号）…bit
- ・文字列…ASCII
- ・制御コード…HEX

少し解説しますと、PLCでは数字についてはBCD、BINを扱うことが一般的です。以前はBCDの利用をしていました。BCDではカウンターの表示がしやすいことから用いられていました。扱える桁数はBINのほうが多いので今はBINの利用に統一する傾向にあります。既存の設備を利

No.	データ項目名	データ項目説明	データ形式	桁数	小数桁	単位	値のサンプル
1	MCT	ワークセットから取出しまでにかかる時間	BIN				
2	圧力	プレスの型圧力	BIN				
3	溶接温度	溶接の温度	BIN				

図6.4　属性定義例

用している際には既にBCDで定義されている場合、そのまま踏襲するか検討していただくとよいと思います。

日付についてもPLCでは日付型の属性は存在しませんので、項目に年、月、日、時、分、秒を項目として定義して個々の項目を数字として定義する必要があります。例えばBINで扱える情報量は0～65535になりますので、その中に納まるように項目の定義をする必要があります。

6.3.3　桁数と単位を決める

項目の桁数と単位を設定します。定義書には「全体桁数」と「小数点以下の桁数」を設定します。数字を表現する属性としてPLCでは小数点以下を認識することはできません。例えば温度表示で105.5℃を表現したい場合は4桁の項目で少数点1桁と定義し、PLCに1055と設定されている値をSCADAでDBに取り込む際に105.5に変換して登録する形になります。そのために項目定義上、全体桁数と小数点以下桁数の定義は重要です(図6.5)。

数字の項目においてBINで定義しても上限値は65535までになります。その中で小数点以下まで扱えるようにするために単位の設定も重要となります。サイクルタイムや稼働時間のような時間を設定する際には単位を秒単位→分単位→時間単位のどれを選択するか最大値を計算したうえで定義をしてください。

6.3.4　値のサンプルを記入する

次に値のサンプルを記入します。これは6.3.3項のように桁数と単位を決めてもイメージがわかりにくいため、値のサンプルを記入しておくとよいです(図6.6)。例えば、温度で全体4桁、小数点以下1桁の場合、999.9

No.	データ項目名	データ項目説明	データ形式	桁数	小数桁	単位	値のサンプル
1	MCT	ワークセットから取出しまでにかかる時間	BIN	4	1	秒	
2	圧力	プレスの型圧力	BIN	4	1	Mpa	
3	溶接温度	溶接の温度	BIN	3	0	℃	

図6.5　桁数と単位の設定例

No.	データ項目名	データ項目説明	データ形式	桁数	小数桁	単位	値のサンプル
1	MCT	ワークセットから取出しまでにかかる時間	BIN	4	1	秒	999.9
2	圧力	プレスの型圧力	BIN	4	1	Mpa	999.9
3	溶接温度	溶接の温度	BIN	3	0	℃	999

図6.6　値のサンプル記入例

と入れておけばイメージがわきやすいです。区分値やbit信号については区分と内容について設定します。例えば、ON、OFFの場合、ON：1、OFF：0と設定します。

6.4　PLCアドレスの定義

項目が定義できたらこの項目定義を使って、設備ごとのPLCのアドレスの定義を行います。5.1節でも説明しましたが、数百台の設備となると設備の種類が異なりますし、設備メーカーも異なりますし、使用するPLCの種類も異なります。それぞれ異なる設備のPLCから情報収集をする際に、設定するアドレスを統一しておくことで、収集する項目の管理がしやすくなります。

PLCのアドレスを定義する手順としては「情報収集のエリアを決める」「各設備のワード数をまとめる」「最大値からアドレスの区画を決める」「設備ごとのアドレスを設定する」です。

6.4.1　情報収集のエリアを決める

まず、PLC(Programmable Logic Controller)にはアドレスのエリアがいろいろと決められています。三菱製のPCLの例では、XやYは入出力を設定するエリアになりますので、ここは設備の制御に使用されており、情報収集として設定ができません(図6.7)。そのため、情報収集には拡張データエリアのZR領域が一般的に使用されます。これも必ずそこでなければならないということではありませんので、PLCで使用していない領域に決めていただくとよいと思います。他のメーカーになるとまた領域がことなりますので、メーカーごとに決めておく必要がありますのでご注意ください。

デバイス記号（用途）		
X(入力リレー)	SC(積算タイマ・コイル)	ZR(拡張ファイルレジスタ：連番)
Y(出力リレー)	SS(積算タイマ・接点)	SW(リンク特殊レジスタ)
DX(ダイレクト入力)	CC(カウンタ・コイル)	Z(インデックスレジスタ)
DY(ダイレクト出力)	CS(カウンタ・接点)	BM(ランダムアクセスバッファ)
M(内部リレー)	SB(リンク特殊リレー)	G(バッファメモリ)
L(ラッチリレー)	D(データレジスタ)	WR(受信用レジスタ)
S(ステップリレー)	SD(特殊レジスタ)	WW(送信用レジスタ)
SM(特殊リレー)	W(リンクレジスタ)	
B(リンクリレー)	TN(タイマ・現在値)	
F(アナンシェータ)	SN(積算タイマ・現在値)	
V(エッジリレー)	CN(カウンタ・現在値)	
TC(タイマ・コイル)	R(ファイルレジスタ)	
TS(タイマ・接点)	ER(拡張ファイルレジスタ)	

図6.7　三菱PLCのデバイスの例

6.4.2　各設備のワード数をまとめる

次に各設備のワード数をまとめます。6.2節で抽出した良品条件項目6.3節で洗い出した項目定義を使用して、各設備のアドレスの最大値を算出します。

ここでの注意点を簡単に解説します。良品条件をロット単位や個体(シリアル)単位に収集する際にはサイクルタイムで個々に加工している間の各項目の値を設定しておく必要があります。ある項目は軌道してから何秒後の温度や圧力を取るといったことになります。そうすると項目に対するアドレスは1個ではなく、複数項目必要となります。

しかしながら、設備稼働を管理するようなアンドンに出力する「正常運転」「異常運転」のON、OFF信号は加工するロットや個体(シリアル)単位に管理する必要はありませんので、項目に対しアドレスは1個あればよいです。そのために前者は「履歴エリア」後者は「リアルタイムエリア」という形で分けてアドレス設計しておく必要があります。

「リアルタイムエリア」「履歴エリア」の分け方は5.1.1項の良品条件の抽出時の「トレーサビリティ」「生産管理」「予知保全」の分類の内、「トレーサビリティ」に該当するものとなります。

「リアルタイム情報格納エリア」においては、時刻設定や上位PCとの通信異常フラグを設定します。また、アンドン情報や設備保全情報などもリアルタイムエリアに設定します。一方、トレーサビリティに必要な情報はショットごとに項目を取得したうえで、「履歴情報格納エリア」にPLC側で書き込みます(図6.8)。

次に各設備の「リアルタイムエリア」「履歴エリア」のワード数からアドレス領域の最大値を決めていきます(図6.9)。リアルタイムエリアは1件分のワード数の最大値を算出します。履歴エリアは1件分のワード数に対し、履歴として何件保持するか決めて最大値を算出します(図6.10)。

履歴エリアの保持する件数は何件にするかについて簡単に解説します。

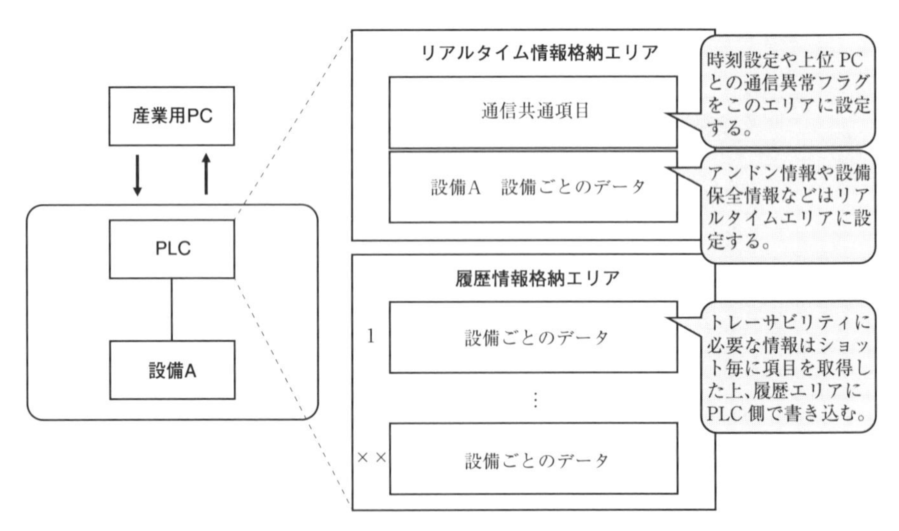

図6.8 「リアルタイムエリア」「履歴エリア」の説明

デバイス データ	詳細データ内容		アドレス	データ値	説明
リアルタイムエリアデータ 0000～0249	通信共通	上位PCライフ信号	0000～0069	0	PC→PLCへPCが正常動作しているための通知用フラグ
		日時（年月日時分秒）		20190101090000	PC→PLC へ通知用（システム年）
	設備ごとデータ	…	0070～0249	…	アンドン 信号生産管理（リアルタイム） 生産管理（指標管理） 設備保全（リアルタイム） 設備保全（手入力）

デバイス データ	詳細データ内容		アドレス	データ値	説明
履歴エリアデータ 1000～36,999	設備ごとデータ		1000 ～ 1199		履歴データ1件目
	設備ごとデータ		1200 ～ 1399		履歴データ2件目
	…				履歴データ3件目～179件目
	設備ごとデータ		36700 ～ 36999		履歴データ180件目

図6.9 「リアルタイムエリア」「履歴エリア」アドレス例

履歴件数	180件

（網掛け：設定項目）

No.	設備名	分類	デバイスアドレス容量計算										
			リアルタイムエリア						履歴エリア				全
			通信共通		設備データ				設備データ				
			開始～終了	ワード数	開始～終了	ワード数	ワード数（予備）	合計ワード数	1件分のワード数	1件分のワード数（予備）	開始～終了	合計ワード数	合計ワード数
1	設備A	プレス	00000～00069	70	00070～00089	7	13	90	39	11	00030～09029	9,000	9,090
2	設備	B溶接	00000～00069	70	00070～00169	34	66	170	28	62	00110～16309	16,200	16,370

図6.10　設備アドレスエリア算出シート例

基本加工はサイクルタイムで行います。各工程間でサイクルタイムが異なりますが、情報機器が故障して、PLCからの通信異常が発生した際に復旧するまでに必要な時間分は履歴エリアに格納しておく必要があります。

例えば60秒サイクルで加工している場合は1分に1件ものができ、履歴エリアにデータが保存されます。異常時の復旧時間を2時間で設定しておくとしたのであれば、120分÷1分で120件分の履歴エリアを確保しておくことになります。このような考え方でサイクルタイムと復旧許容時間から履歴エリアの保持件数を決めるとよいです。

6.4.3 最大値からアドレスの区画を決める

6.4.2項で求めた「リアルタイムエリア」「履歴エリア」のワードの最大値からアドレスの区画を決めます(図6.11)。

まず、PLCの種類によって扱う数値の種類が10進と16進に分かれます。それに併せてアドレスの表記方法も異なります。三菱製のPCLの場合は10進となりますので、アドレスは0～65535となりますが、他社で16進の場合は0000～FFFFとなりますので、ご注意ください。

「リアルタイムエリア」「履歴エリア」の開始アドレス、終了アドレスを先程算出した最大値を参考にして設定します。将来の拡張も考えて予備エリアも用意しておくとよいです。「履歴エリア」は保持する件数分のワード数に対してアドレスを確保します。

6.4.4 各設備のアドレスを設定する

6.4.1～6.4.3項で設備から情報収集する前の準備ができたところで、設備ごとに収集するデータの配置をアドレス定義書にまとめます。6.4.3項で区画整理した「リアルタイムエリア」「履歴エリア」の先頭アドレスから個々の設備から収集するために必要な項目を順番に記述していきます。

リアルタイムエリアは通信に必要な項目を設定する通信共通項目と設備

三菱PLC　デバイスマップ

デバイスのアドレス範囲をマッピング。

ZRデバイス範囲　（10進）　0～65535

デバイス範囲	内容		フォーマット	備考
0　～　199 200	リアルタイムエリア 情報収集範囲	通信共通 設備データ	※1 各設備アドレス定義 シート参照	アンドン信号 生産管理（リアルタイム） 生産管理（指標管理） 設備保全（リアルタイム） 設備保全（手入力）
200　～　999 800	リアルタイム情報 予備領域			
1000　～　18999 18000 ※1件100ワード想定	履歴エリア 情報収集範囲	設備データ	※1 各設備アドレス定義 シート参照	品質管理履歴180件分 （MCT90sで1レコード、 約4時間分）
19000　～　29999 11000	履歴エリア 予備領域			
30000　～　65535 35536	未使用			

図6.11　デバイスマップ例

の個別データを設定する部分に分けるとよいです。

通信共通項目には次の項目を設定します。

・上位PCとの通信フラグ…上位のPCとの通信の制御を行う。

・時刻合わせ項目…上位からの時刻合わせの値を設定する。

上位PCとの通信フラグについて解説します。PLCには設備からのデータを格納していきます。「リアルタイムエリア」の情報は一定間隔でアドレスに最新の値が上書きで格納されます。「履歴エリア」については1件書き込みを行うとこの通信フラグに1を立てます。上位のPCはリアルタイムにこのフラグを見て、1が立てられたら履歴エリアの情報を1件収集します。収集した後で、このフラグの値を0に戻します。

PLCは次の履歴データを更新する際に通信フラグが0に戻されたら履歴を上書きします。もし通信フラグが1になったままの場合は上位PCがデータを収集できていないと判断し、履歴エリアの1レコード分のデータを下にずらし、前のデータを削除したうえで、新しいデータを保存します。通信フラグが0になるまでこの方法を繰り返します。

上位PCが復旧した際は履歴データに溜まっている情報をすべて収集したうえで、通信フラグを0に戻します。こうすることで、通常は最低限必要な情報のみ収集して、異常の際は履歴エリアから情報収集することにより、漏れ抜けなくレスポンスも最小限に抑えた通信を可能とします(図6.12)。

時刻合わせ項目については前項でも説明しましたが、PLCの時刻は時間が経つにつれてズレていきます。何度かアンドン表示のシステムを見てきましたが、PLCでは画面で設定する方法をとっているので、この時刻合わせを現場側で定期的に行っていないと時刻がズレているのを見ました。今はスマートフォンなどの情報機器は自動で時刻を合せるのが常識になっています。そのためにシステムでマスターとなる時刻を管理しているサーバから1日に1回など時刻を合わせることが必要です。トレーサビリ

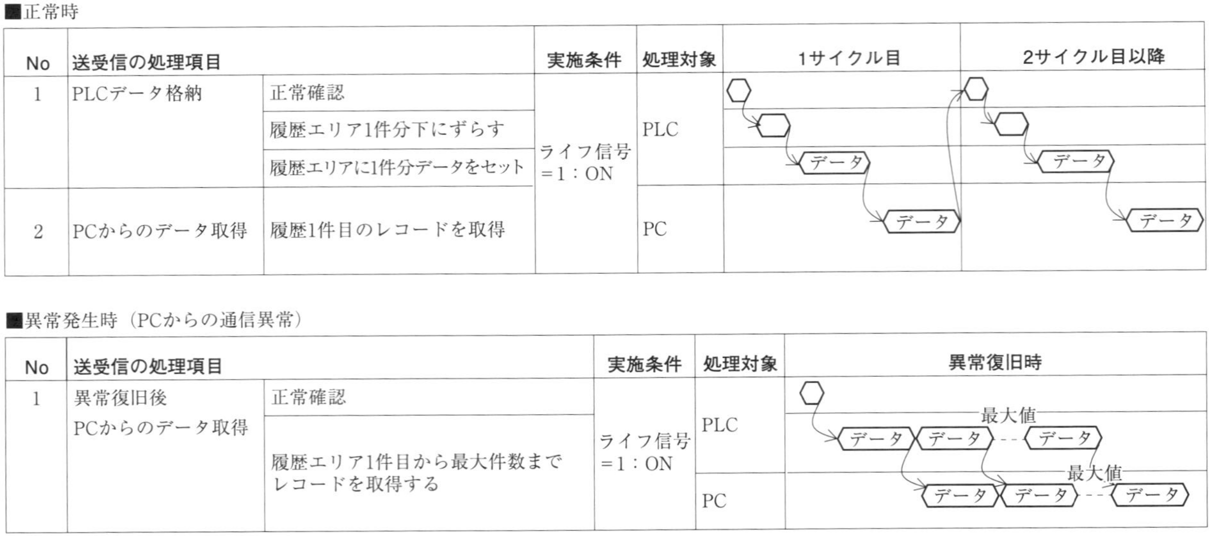

■正常時

No	送受信の処理項目		実施条件	処理対象	1サイクル目	2サイクル目以降
1	PLCデータ格納	正常確認	ライフ信号 =1：ON	PLC		
		履歴エリア1件分下にずらす				
		履歴エリアに1件分データをセット			データ	データ
2	PCからのデータ取得	履歴1件目のレコードを取得		PC	データ	データ

■異常発生時（PCからの通信異常）

No	送受信の処理項目		実施条件	処理対象	異常復旧時
1	異常復旧後 PCからのデータ取得	正常確認	ライフ信号 =1：ON	PLC	最大値 データ データ - - データ
		履歴エリア1件目から最大件数まで レコードを取得する		PC	最大値 データ データ - - データ

図6.12　通信フラグによる履歴情報の収集例

ティに必要な情報は少なくとも工場で生産している時刻が秒単位で合っていることが重要です。だんだんサイクルタイムが短くなっていく現在では少なくとも秒単位までの時刻精度が求められます。

時刻合わせの項目は1日に1回、上位サーバから連携された時刻をアドレスに設定します。このアドレスの値をPLCの時刻設定のコマンドを使用して更新します(図6.13)。

通信共通項目が設定できましたら、「リアルタイムエリア」「履歴エリア」に格納する項目を設定します。先頭アドレスから格納する項目を順番に記述します。このとき、図6.4～図6.6で設定した項目定義書を辞書として項目名から桁数、属性値の値を参照します。この方法はEXCELなどで簡単に作成できますのでぜひお使いください。こうすれば設備間で項目

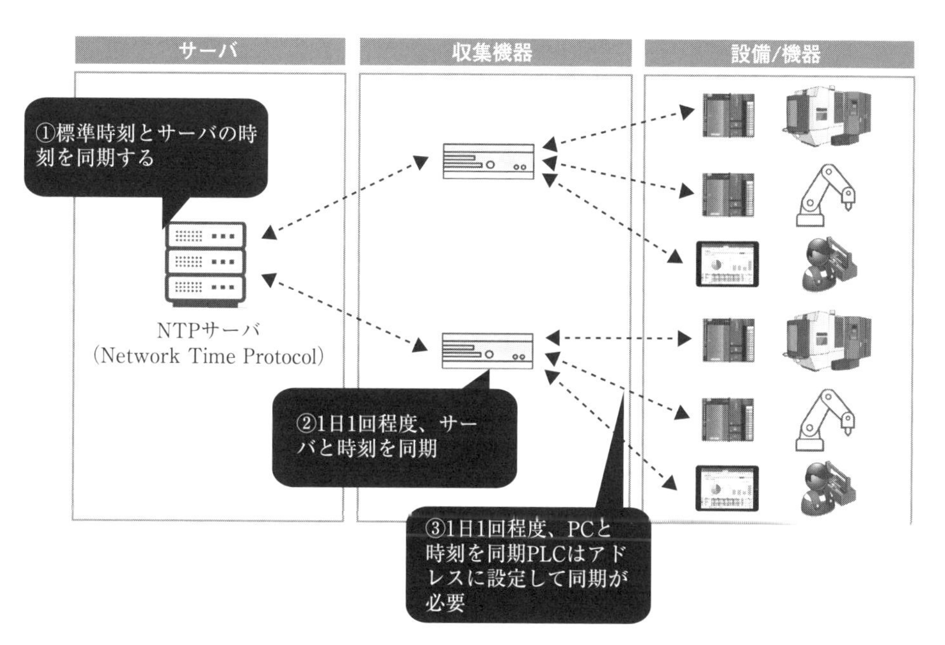

図6.13　時刻設定の例

名、属性、桁数の統一ができます。

アドレス設定をする際に気をつけなければならないのは1アドレスで定義できるのは1ワード(2バイト)までです。ASCIIの属性で設定するとロットNo.や個体(シリアル)No.については複数のアドレスに分割して設定が必要となります。例えばショット数をシリアルNo.とする場合、0001～9999の4桁とする場合はアドレスは2つ必要となります。0001を設定する場合、開始アドレスがZR0011の場合はZR0011には上位2桁00が入り、ZR0012には下位のアドレス01が入ります。このようにロットNo.や個体(シリアル)No.などのASCIIで設定しているコード類はアドレスに格納できる制約に合わせて項目を分割して設定する必要があります。

項目を並べる順番についても「トレーサビリティ」「生産管理」「予知保全」の目的ごとに、さらに区画を併せて並べると見やすくなります。しかしながら、後で項目追加が起こることを想定して、あまりにも予備項目ばかり用意しておくと最初からまばらな配置になってしましますので、予備項目は「リアルタイムエリア」「履歴エリア」単位で用意しておくぐらいがよいと思います(図6.14、図6.15)。

PLCのアドレス定義は手順が多いですが、このように異なる設備やメーカーに対して、データ格納方法や情報収集の通信方法を統一することにより、共通プラットフォーム化が可能になります。

6.5　ネットワーク設計

6.4.4項で各設備の情報収集の項目定義ができましたので、ここでは設備からデータを収集するためのネットワークの設計について説明します。

手順としては「機器の配置図を明確にする」「システム構成を作成する」「IPアドレスなど通信設定表を作成する」「機器構成を決める」です。

設備大分類	溶接
設備大分類	溶接機械

データ部	No.	記号	アドレス	項目名	入力サンプル	単位	データ形式	桁数	小数桁	目的			更新間隔(秒)
										生管	品管	保全	
通信共通	1	ZR	0000	ライフ信号			HEX						
	2	ZR	0001 ～ 0006	システム時刻（年）	1901010900	年月日 時分秒	BIN	2	0				
	30	ZR	0007 ～0029	予備			BIN						
設備データ	31	ZR	0030	自動	On:1、off:0		bit			○			1
		ZR		…			bit						1
	41	ZR	0040	溶接時間	999.9	秒	BIN	4	1		○		90
	42	ZR	0041	溶接温度	999.9	℃	BIN	4	1		○		90
	43	ZR	0042	サイクルタイム	999.9	秒	BIN	4	1		○		90
	44	ZR	0043	溶接回数	999	回	BIN	3	0			○	90
		ZR		…									
	70	ZR	0069	予備									

図6.14　設備アドレス定義書設定例（リアルタイムエリア）

設備大分類	溶接												
設備中分類	溶接機械												
データ部	No.	記号	アドレス	項目名	入力サンプル	単位	データ形式	桁数	小数桁	目的			更新間隔(秒)
										生管	品管	保全	
設備	1	ZR	1000～1009	シリアルNo.	YYMMDD0001		ASCII	10	0		○		90
	11	ZR	1010	溶接時間	999.9	秒	BIN	4	1		○		90
	12	ZR	1011	溶接温度	999.9	℃	BIN	4	1		○		90
	13	ZR	1012	サイクルタイム	999.9	秒	BIN	4	1		○		90
		ZR	…										
	100	ZR	1099	予備									

図6.15　設備アドレス定義書設定例(履歴エリア)

6.5.1　機器の配置図を明確にする

まず工場のレイアウト図を最新に更新します。新規の工場も既存の工場も工場のレイアウト図の最新化ができていないことが多々あります。正確な位置がわからないと配線もネットワーク機器の数量も正しく算出できないため、手戻が発生します。そのためにもまず工場レイアウト図の最新化が必要です(図6.16)。ここは生産技術部門や製造部門が中心となりますので、そちらと連携して作業を実施します。

工場のレイアウトが最新化されましたら、そちらを入手してPLC(制御盤)の配置をプロットしていきます。

次にタッチパネルや電子アンドンなどの入出力に必要な機器を配置します(図6.17)。

これについては作業空間においてタッチパネルが配置できるか？　アンドンを設置して工場内のエリアから見えない部分がないかといった考慮を併せてする必要があります。

しかしながら工場レイアウトは二次元空間での設計となりますので、高

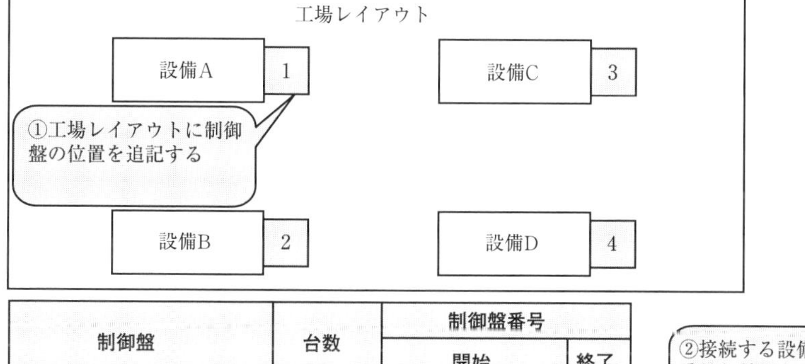

制御盤	台数	制御盤番号	
		開始	終了
溶接機械スポット	2	1	2
溶接機械アーク	2	3	4

図6.16　PLC(制御盤)の配置例

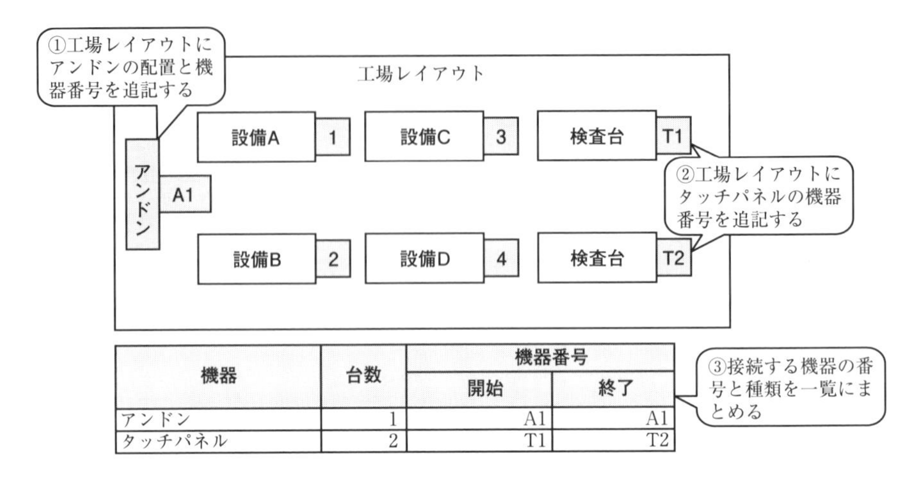

機器	台数	機器番号	
		開始	終了
アンドン	1	A1	A1
タッチパネル	2	T1	T2

図6.17　タッチパネル、電子アンドンの配置例

さについての考慮が不十分となります。生産技術部門では設備仕様上、高さまで含めた仕様を記述するルールとなっていますので、そちらも生産技術部門と連携をとって漏れ抜けないように準備をしてください。電子アンドンについても設備の高さでモニターが隠れて見えなくならないかといった考慮も必要です。

冒頭に工場レイアウトの最新化がまず必要といったものの、新規工場や新規ラインの敷設となると最近は新工法の採用によりなかなかタイムリーに提示がされてきません。したがって、生産技術部門や設備メーカーのこのような事情も理解して事前にいつまでにどこまでを決定できるのか入念に話し合ってスケジュールを決めていただくとよいと思います。絵に描いた餅では計画どおりに遂行するのは難しいのです。

6.5.2　システム構成を作成する

6.5.1項で工場レイアウトと機器の配置が決まった所で、ネットワーク構成を作成し、全体のシステム構成図をまとめます(図6.18)。

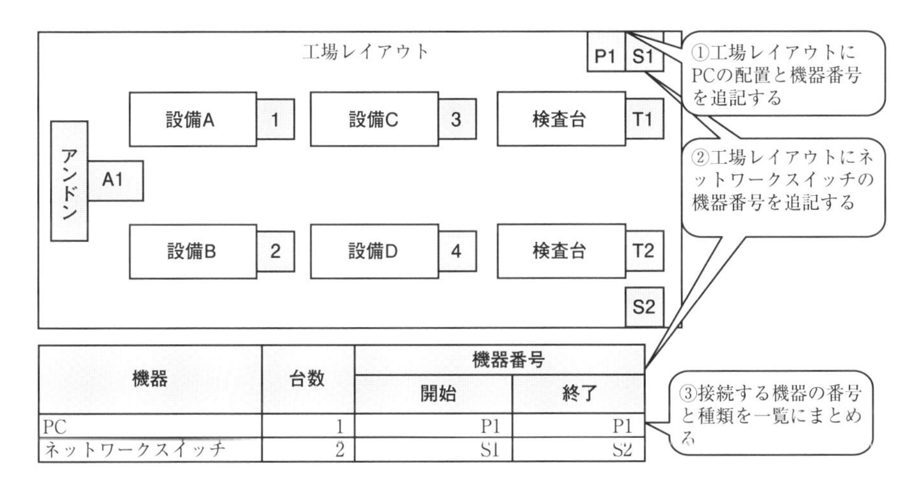

機器	台数	機器番号	
		開始	終了
PC	1	P1	P1
ネットワークスイッチ	2	S1	S2

図6.18　工場レイアウトへの情報機器の例

まず6.5.1項の工場のレイアウトを元に社内IT部門やIoTベンダーと連携をとって、ネットワーク機器、配線、収集用機器、サーバ機器の配置を行います。

工場のレイアウトにより、配線に使用するケーブル長や種類が異なりますし、長い経路となるとネットワーク機器を間に入れる必要がありますので、この作業は6.5.1項「機器の配置図を明確にする」を完了してから始めないと何度もやり直しになってしまいます。

他にも配線の際にはキャットウォークと呼ばれる天井からつるした器具でつくられた通路に配線を行います。そのため、キャットウォークを利用して配線をするうえで、距離に制約が出てきます。キャットウォークを利用した天井配線なのか床上配線なのかも含め検討が必要です。IoTベンダーも配線は工事業者を利用する事が多いので、こちらも連携をとって実際に工場のレイアウトと工場の現場検証をしてレイアウトを決めていく必要があります。新設工場の場合にはここができていないことがありますので、決まっていなければいつ決まるかの調整も必要です。

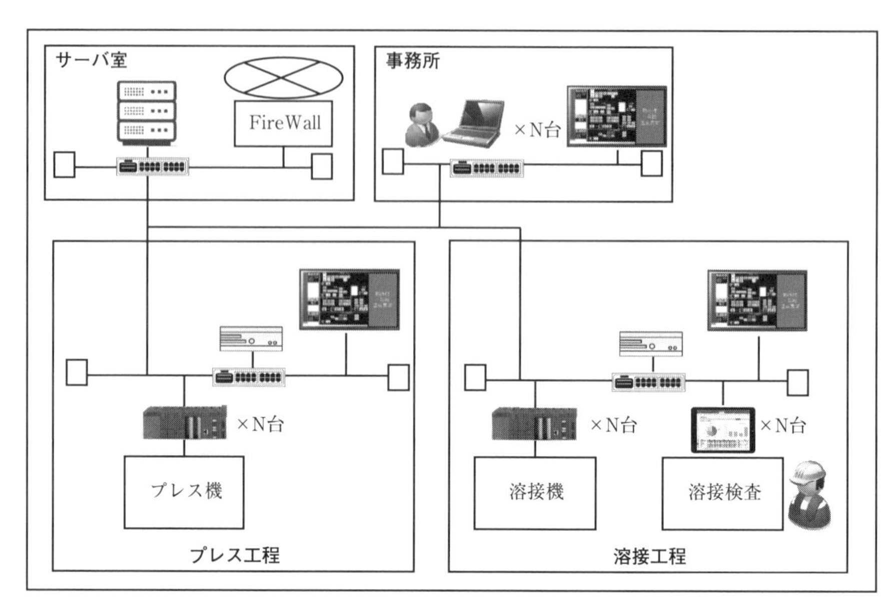

図6.19　システム構成図の例

これらを決めるとネットワーク機器、配線、収集用機器、サーバ機器の配置が決まります。

工場レイアウトは物理的なレイアウトとなります。工事するうえでは欠かせないものですが、関係者にわかりやすく共有するためにシステム構成図にまとめます（図6.19）。

6.5.3　IPアドレスなど通信設定表を作成する

ネットワークの構成が決まりましたら、ネットワークの設計を行うため、IPアドレスなど通信設定表を作成します（図6.20）。ここはIT部門やIoTベンダーと連携をして決めていきます。ネットワークについてはセキュリティ面や通信の整流化を図るうえで、IPアドレスに代表されるネットワークアドレス設計が重要となります。

No.	設備名	分類	設置場所	接続PLC				接続PC		
				PLC名称	機器名	IPアドレス	ポート番号	PC名称	IPアドレス	ポート番号
1	設備A	溶接	1	スポット溶接	PLC－01	192.168.2.101	5011	PC01	192.168.5.101	5011
2	設備B	溶接	2	スポット溶接	PLC－02	192.168.2.102	5011	PC01	192.168.5.101	5011
3	設備C	溶接	3	アーク溶接	PLC－03	192.168.2.103	5011	PC01	192.168.5.101	5011
4	設備D	溶接	4	アーク溶接	PLC－04	192.168.2.104	5011	PC01	192.168.5.101	5011

図6.20　通信設定表作成例

ネットワークアドレス設計については専門スキル者が設計を担当することが重要となりますが、まずは接続する設備、タッチパネルや電子アンドンの入出力機器、ネットワーク機器、収集機器、サーバといった接続する機器の一覧と工場レイアウトを提示することが必要となります。

機器通信設定表には機器の番号と工場レイアウトの番号を一致させます。そして、機器の名称をまず記入します。その情報をネットワーク設計者に提示してネットワーク設計者の方で、各設備や情報機器のIPアドレス、収集機器、サーバのIPアドレスを設計し記入していただきます。

IPアドレスに付随するサブネットマスクなどの通信設定についてもネットワーク設計者の方で設計をしていただきますが、重要なのは通信するポート番号となります。

通信は設備と収集する機器の間でIPアドレスで相手を判断して、ポート番号を使って通信を開始しデータを転送します。したがって、ポート番号を複数設定することにより同じ機器や異なる機器間で並行して通信が可能となります。

あらかじめ設備間の制御でIPアドレスと通信ポートを使用している場合は干渉してしまうため、通信ポートも未使用領域を利用する必要がありますのでご注意ください。

他にもネットワーク設計上考慮する必要はありますが、それらの設計内容はネットワーク設計者の専門スキル内で対応可能範囲となりますので、専門家に任せていただければよいです。

6.5.4　機器構成を決める

6.5.3項までで通信できる設計が完了しました。ここでは情報を収集する機器やサーバの機器構成を決めることになります(図6.21)。機器構成を決めるうえで必要なのは「接続する設備や情報機器の数」「通信量」「データ保存量」となります。

「接続する設備や情報機器の数」は機器通信一覧に記述してありますので、そちらで把握が可能です。

「通信量」は図6.14、図6.15で定義したPLCから収集する「リアルタイムエリア」「履歴エリア」から収集するデータ値と収集する通信間隔から算出します。例えば1分のサイクルタイムで物ができる工程では1分に1回データが履歴エリアに更新されます。データの収集間隔を5秒とした場合、リアルタイムエリアが20ワード(40バイト)、履歴エリアが50(100バイト)ワードとした場合、1分でリアルタイムエリア480バイト、履歴エリア100

	分類	台数	型式	仕様
1	データベースサーバ	1		CPU：XEON 2.4G 14CORE×2、メモリ：64GB HDD：32TG、OS：Win10
2	収集PC	1		CPU：i7、メモリ：8G RAM、HDD：128GB OS：Win10
3	ネットワークスイッチ	2		Ethernet SWITCH ポート数：20、10/100/1000Base-T
4	タッチパネル	2		18.5インチ
5	アンドン	1		55インチ

図6.21　機器構成例

バイトで580バイトとなります。これを積算して、1日、1月、1年といった形でデータ量を求めます。

これらの機器構成の算出もIT部門やIoTベンダー側に接続する機器の一覧や設備アドレス定義書で通信量を提示することにより、機器構成の算出をお願いします。

「データ保存量」は万が一機器が故障した際にサービスが停止してもよいかと投資できる金額と併せて決めていく必要があります。

6.6 データベース設計

各設備のアドレス定義をすることにより、各設備のデータ格納の区画整理をして、情報収集が可能になりました。ここではDB(database)に蓄積するためのデータベースの「テーブル」「フィールド」の定義を行います(図6.22)。手順は以下のとおりです。

① 項目名を統一する

② 属性を決める

③ 桁数と単位を決める

No.	データ項目論理名	データ項目論理名	ドメイン	属性	全体桁数	小数点以下桁数	単位	データ項目説明
1	品番	PARTNO						品番を識別するコード
2	品名	PARTNM						品番を識別する名称
3	背番号	SHORTNO						現場管理上の品番の短縮コード(4桁表記)
4	年日月	YDM						西暦の年月日(YYMMDD)
5	稼働時間	OTP						直単位の設備を動かせる時間
6	停間時止	DTMCN						直単位の設備停止時間
7	溶接温度	WELDTEMP						溶接の温度

図6.22 DB項目定義例

6.6.1　項目名を統一する

こちらもPLCから収集する項目と同様に項目名を統一します。手順は同様になりますが、異なるのはデータベースの定義をする際に論理名とは別に物理名称が必要となります。例えば論理名称のマシンサイクルタイムに対しては物理名称としてMCTなどの物理名称を設定しておく必要があります。

細かい話にはなりますが、物理名を設定するうえでの留意点について簡単に補足します。物理名称は普段ユーザーの目に触れないため、命名付与基準がバラバラになりがちです。また、F01、F02のように機械的に付与を行ったり、HINBAN、HINMEIのように日本語のローマ字表記をする例を見かけます。前者は物理名称を見ただけではどの項目なのはまったく理解できませんし、後者は今後システムを海外に展開する際に海外の技術者には暗号となってしまいます。

したがって、表記はできるだけPARTNO、PARTNAMEのように英語表記にしていただくとよいです。この物理名称も文字数が長くなる傾向になりますので、PRTNO、PRTNMといった形でできるだけ簡潔にしてエンジニアが理解しやすい付与をして工夫している例もあります。文字数が少なくなればなる程、タイピング時間が短くなりますので効率的なのです。

6.6.2　属性を決める

属性については「文字列」「数字」「日付」に大きく分かれます。「文字列」は「半角」「全角含む」に細分化されます。

・文字列(半角)…コードや区分などのアルファベットと数字の1バイト文字を表します。

・文字列(全角)…備考メモなど全角文字を文字列を表します。

・数字…計測した値や1、0の状態信号などの数字を表します。

No.	データ項目論理名	データ項目物理名	ドメイン	属性	全体桁数	小数点以下桁数	単位	データ項目説明
1	品番	PARTNO	コード	varchar2				品番を識別するコード
2	品名	PARTNM	名称	nvarchar2				品番を識別する名称
3	背番号	SHORTNO	コード	varchar2				現場管理上の品番の短縮コード(4桁表記)
4	年月日	YMD	日付	日付				西暦の年月日(YYMMDD)
5	稼働時間	OPT	数値	number				直単位の設備を動かせる時間
6	停止時間	DTMCN	数値	number				直単位の設備停止時間
7	溶接温度	WELDTEMP	数値	number				溶接の温度

図6.23　属性の設定例

・日付…日付・時刻を表します。

ここで重要なのは、年月日時分秒の日付です。PLCからは数字として定義して収集したものをDBに格納する際には日付に属性変換します。例えば2019年02月01日の場合、PLCのアドレスは年の項目に2019、月日の項目に0201と数字で設定されます。DB上は年月日の項目として日付で定義し、レイアウトをYYYYMMDDと設定します。後で詳細は説明しますが、この項目の結合と属性変換はSCADAソフトで行います(図6.23)。

6.6.3　桁数と単位を決める

項目の桁数と単位を設定します。定義書には「全体桁数」と「小数点以下の桁数」を設定します。

こちらも数字を表現する属性としてPLCでは小数点以下を認識することはできません。例えば温度表示で105.5℃を表現したい場合は4桁の項目で少数点1桁と定義し、PLCに1055と設定されている値をSCADAでDBに取り込む際に105.5に変換して登録する形になります。このような形で次のテーブル定義書にまとめていきます(図6.24)。

No.	データ項目論理名	データ項目物理名	ドメイン	属性	全体桁数	小数点以下桁数	単位	データ項目説明
1	品番	PARTNO	コード	varchar2	20			品番を識別するコード
2	品名	PARTNM	名称	nvarchar2	100			品番を識別する名称
3	背番号	SHORTNO	コード	varchar2	20			現場管理上の品番の短縮コード(4桁表記)
4	年月日	YMD	日付	date				西暦の年月日(YYMMDD)
5	稼働時間	OPT	数値	number	3			分直単位の設備を動かせる時間
6	停止時間	DTMCN	数値	number	7			秒直単位の設備停止時間
7	溶接温度	WELDTEMP	数値	number	4	1	℃	溶接の温度

図6.24　テーブル定義例

6.7　設備情報収集開発(SCADA)

6.4～6.6項で設備からの収集項目、通信設定、データベース項目が一通り設定されました。ここではSCADAソフトを使用して各設備から収集したデータをサーバに格納するための「通信項目の定義」について説明します。

SCADA(スキャダ)とはSupervisory Control And Data Acquisitionの略で産業制御システムの一種であり、コンピューターによるシステム監視とプロセス制御を行う。PLC、アナログ通信、ロボットコントローラなどのメーカーや種類が異なる各種機器からの情報収集を設定ベースで行える点が特徴です。

6.7.1　通信項目の定義

設備アドレス定義書に設定した各アドレスの値と格納先のデータベースのテーブル、フィールドの項目の紐付けを行います。ここでは設備の台数分設定が必要となります。例えば、ZR0010のアドレスはトレサビテーブルTRACETBLのショット数SHOTQTYと紐付けるといった形になりま

タグ名	要素名	データ形式	デバイス
溶接機	年	文字列（2桁）	0100
	月	文字列（2桁）	0101
	日	文字列（2桁）	0102
	ショット番号	文字列（2桁）	0103
	ショット番号	文字列（2桁）	0104
	稼働時間	数値	0105
	サイクルタイム MCT	数値	0106
	溶接温度	数値	0107

図6.25　通信項目定義例

す。

SCADAソフトでは通信項目定義の情報を取り込んでその設定情報に基づいて通信を行います。したがって、接続する設備と収集するPCなどの数だけ設定が必要になります。基本設備ごとにアドレスの区画が統一されていれば、EXCELなどでデータをコピーして設備や収集するPCのIPアドレスや設備ID、PCIDの値を変更するだけで簡単に設定変更ができます。その結果をデータ出力すればSCADAソフトに取り込めます。このことから図5.8での区画整理をしておくと新規の設定作業や項目追加変更の作業が整然と行うことができるのです(図6.25)。

6.8　分析機能開発(BI)

6.7節までで設備から収集された情報がデータベースに蓄積されます。収集したデータはSCADAソフトでモニターに表示したり、BIツールで定型、非定型のデータ分析を行います。SCADAソフトでの加工は項目をレイアウトに貼りつける形式になりますので、ここでは説明を割愛します。BIツールを活用するうえでいくつかポイントがありますので、ここではBIツールを利用して、データを分析するための設定について解説します。

「データロード条件設定」「活用モデルデータを定義する」「機能統合によるドリルダウン設定」です。

6.8.1　BIツール設定上のポイント

BIとはビジネスインテリジェンス(Business Intelligence)の略で、企業などの組織の情報を、収集・蓄積・分析・報告することで、経営上などの意思決定に役立てる手法や技術のことをさします。

ビジネスインテリジェンスの目的はビジネス上の意思決定の支援であり、ここでは不良原因や設備停止要因の分析と特定などの収集したデータの活用の目的で利用されます。

BIツールを利用するうえでのポイントは「データロード条件設計」「活用モデルデータを定義する」「機能統合によるドリルダウン設定」です(図6.26)。

6.8.2　データロード条件設定

BIツールはデータロードの条件設定として、蓄積したデータから必要な項目や粒度で読み込んで利用することができます(図6.27)。その際に「情報の結合」や「サンプリング・フィルタリング」が可能です。

結合については、設備から情報収集する際には区分値やコードの情報はそのままの値を取り込みますが、人が見る際には「正常」「異常」や「設備1号機」といった形で名称がなければ把握ができません。このような区分やコードと名称を紐付けた情報はマスター情報として別に設定されています。この設備から収集したデータを一般的にはトランザクション情報といいますが、そのトランザクション情報とマスター情報を結合しておくと

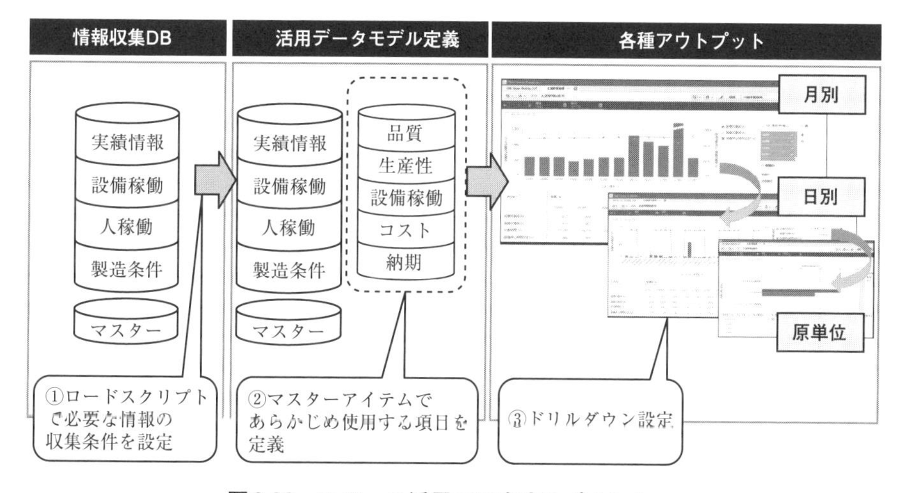

図6.26　BIツール活用で工夫するポイント

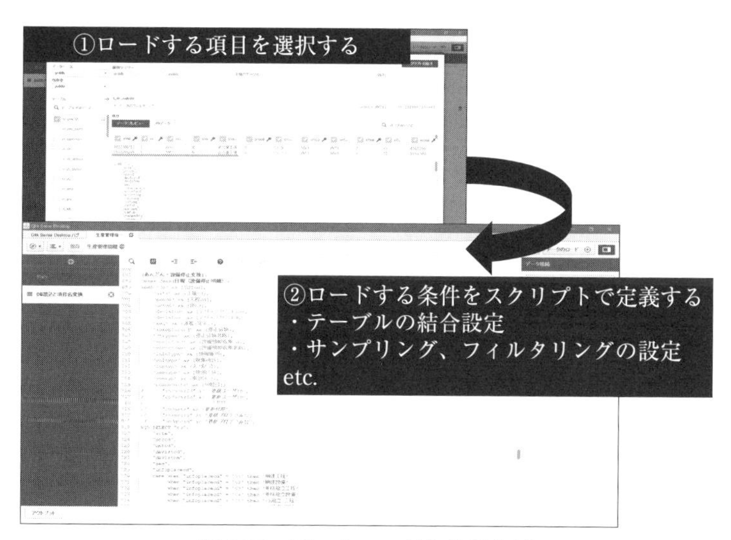

図6.27　データロード条件設定例

後でデータが視覚的に判断しやすくなります。この結合設定をあらかじめしておくと毎回最新データを読み込む際に高速でかつ自動的に判断しやすい情報に加工してくれます。

サンプリング、フィルタリングですが、ビッグデータとなると秒単位やそれよりも細かい単位で情報収集されることが一般的です。しかしながらその細かい情報すべてが必要でない場合があります。

例えば0.1秒単位に温度を収集していた場合、1秒に一回の最大、最小、平均でよい場合はその値にサンプリングして収集が可能です。データも過去3年のデータが蓄積されていても1年分のデータだけでよい場合は1年分のデータのみフィルタリングして抽出することが可能です。

6.8.3　活用モデルデータを定義する

BIツールでは蓄積したデータを活用する視点でよく利用するモデルデータとして定義しておくことができます(図6.28)。

簡単な例は前項で説明したようなトランザクション情報とマスター情報を結合してデータを視覚的に判断しやすくすることとなります。それを発展した例としては不良数や生産数などの製造原単位から不良率などの生産管理指標の情報を定義しておくことができます。基本活用する際は生産管理指標などの定量的なものさしとなるデータで分析することとなります。毎回画面やグラフを個別に作る際に計算式などの設定をしていては作業者ごとに定義が異なりますし機能を作成する時間もかかりますし、機能が乱立します。そのために活用モデルデータ定義として、あらかじめ設定しておくことにより活用するユーザーが共通で利用することができます。この定義をしておくことにより、分析のための管理指標の定義の標準化や情報の効率化が図れます。

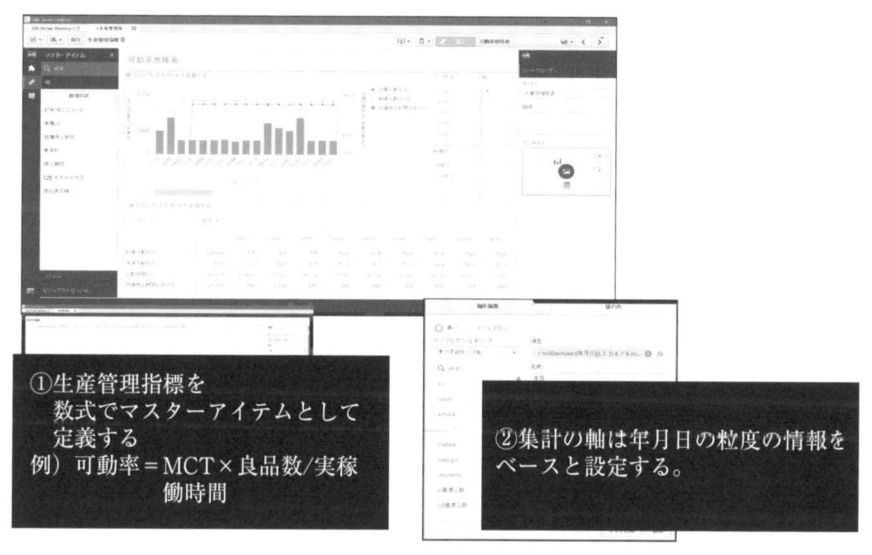

図6.28　活用モデルデータの定義例

6.8.4　機能統合によるドリルダウン設定

6.8.3項で定義された活用モデルデータを利用してユーザーはデータ活用を行います。基本は年⇒月⇒日⇒直⇒時間といった形で時間軸にそって集計した情報からドリルダウンして不具合箇所を特定するといった手法が一般的です(図6.29)。

個別にデータ活用を行う場合もありますが、基本は生産性、品質、設備稼働といった管理指標のデータを定型化されたグラフで確認する形態をとります。このグラフに使用する項目やレイアウトもあらかじめ定義しておくと同じグラフレイアウトを使用して年⇒月⇒日⇒直といった形で利用することができます。例としては可動率と設備停止時間のグラフとなりますが、年単位の月別推移の情報から月単位の日別推移の情報にブレークダウンして分析することができます。

これは可動率や設備停止時間を項目としてあらかじめ設定しておきデー

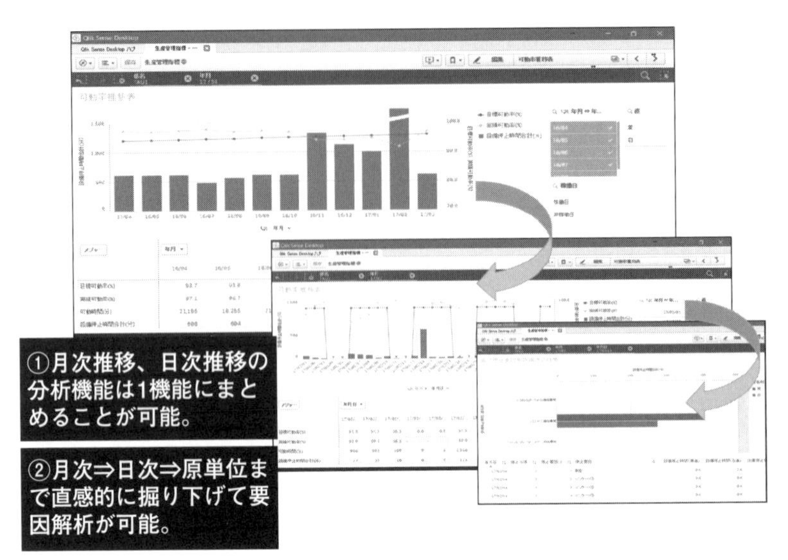

図6.29　機能統合によるドリルダウン設定例

タの抽出方法を年間の月集計や月間の日集計といった形でパラメータ変更するだけで同じ元データから計算した値を表示してくれます。今までは現場で毎回EXCELの月単位にブックをコピーして、日単位推移や月単位推移のシートを使って分析していた煩雑な作業が楽になりますし、セルの指定ミスなどによるデータ間違いも防止できます。

他にも高度な使い方はBIツールの種類によっていろいろありますが、今回説明した内容はどのツールでも大体実現できる基本機能となります。まずはこの部分をきちんと抑えて利用していただくだけでも効果が出ると思います。

第7章
人作業品質の向上

国内では少子高齢化の波はありますが、国内でもまだまだ人作業は残りますし、海外では人作業がたくさんあります。ここでは現状の人作業管理の問題をIoT活用の人に優しい道具で解決する方法について解説します。

ある製造業において人作業における問題は「誤品・欠品・誤組付け」でした(図7.1)。誤品は後工程に間違った物を流してしまう。欠品は後工程にタイムリーに物が供給できず、後工程に欠品を起こしてしまう。誤組付けは誤った部品を組付けてしまい、工程で組付けた完成品の不良を出してしまうということを意味します。

人作業品質向上のポイントは「安定した動作で繰り返し作業を行うこと」にあります。言い換えるとYKI「やりづらい、きつい、いらいら」作業をなくすことにあります。そのためのIoT活用例について次の3点をあげ

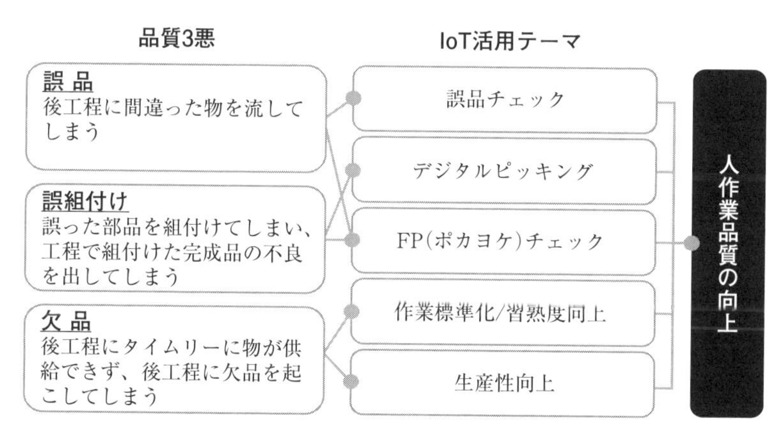

図7.1　品質3悪とIoT活用テーマ

ます(図7.1)。

①　誤品・誤組付け防止のためのIoT活用
②　組立作業標準化・習熟向上のためのIoT活用
③　生産性向上のためのIoT活用

7.1　誤品・誤組付け防止のためのIoT活用

ある製造業において人作業における問題は「誤品・欠品・誤組付け」でした。誤品は後工程に間違った物を流してしまう。欠品は後工程にタイムリーに物が供給できず、後工程に欠品を起こしてしまう。誤組付けは誤った部品を組付けてしまい、工程で組付けた完成品の不良を出してしまうということを意味します。欠品については安定して生産活動を行うことであるため、後の項目で説明することとし、ここでは誤品・誤組み付け防止に対するIoT活用例について説明をします。

7.1.1　誤品防止へのIoT活用例

この方法は一般的に誤品チェックと表現されます。これまでもよく行われている手法となります。しかしながら誤品チェックには各社さまざまな方法をとっています。この中でチェックレベルが高い方法について説明します。

手順としては①納品情報の読込み、②誤品チェックの実施、③チェック結果の総チェックとなります(図7.2)。

(1)　納品書情報の読込み

まず、顧客に納品する指定現品票(または納入かんばん)から納品先単位に顧客、品番、収容数の情報をハンディターミナルに読み込みます。

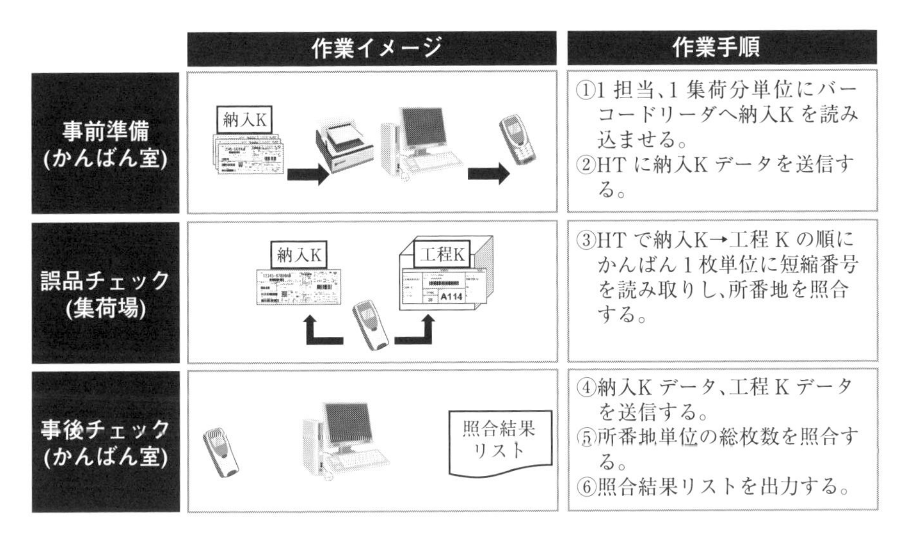

図7.2　誤品チェックの活用例

(2)　誤品チェックの実施

次にハンディターミナルを持って製品ストアに行き、指定現品票(または納入かんばん)と現品に差してある現品票(または指示かんばん)を差し替える際に指定現品票と(または納入かんばん)と現品票(または指示かんばん)をそれぞれハンディターミナルでスキャンします。その際に指定現品票と(または納入かんばん)と現品票(または指示かんばん)の品番が正しいかチェックをします。納品先が正しいかは「(1)　納品書情報の読込み」でハンディターミナルに読み込んだ情報とチェックを行います。納入先、品番が異なる場合はNGとして表示します。

この内容で納入先単位に集荷を行います。

(3)　チェック結果の総チェック

納入先単位の集荷が完了した時点でハンディターミナルをPCにアップロードし、納入先単位の指定現品票(または納入かんばん)の総枚数が正しいかをチェックして、リストに表示します。

この方法は3点照合(納入先、指定現品票(または納入かんばん)の品番、現品票(または指示かんばん)の品番)と呼ばれます。

7.1.2　誤組付け防止のためのIoT活用

誤組付けを防止するために従来は組付けをする前に外段取りとして、組付け部品を組付ける順番で並べて組付け担当者に渡す形式がよく取られていました。

そうなると誤組付け防止のために外段取りの人が別途必要となるため、余分な工数がかかります。それをIoTにより省人化を図ります(図7.3)。

手順は以下のとおりです。

① かんばんをリーダーで読ませる

② 取り出す部品の棚が光る

③ 棚から部品を取り出して組み付ける

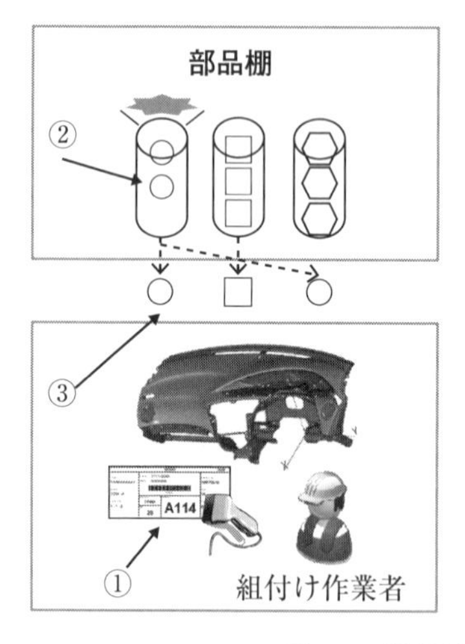

＜作業手順＞
①かんばんをリーダーで読ませる
②取り出す部品の棚が光る
③部品を取出し組み付ける

図7.3　誤組付け防止への活用例

⑴　かんばんをリーダーで読ませる

まず、組み付けるかんばんをリーダーで読ませます。そのかんばんのバーコードから品番を読取り、システムが必要な部品を判断します。

⑵　取り出す部品の棚が光る

必要な部品の棚番地をシステムで検索し、その棚を光らせます。

⑶　棚から部品を取り出して組み付ける

光った棚から組付け作業者が部品を取り出します。この流れを部品の数分繰り返します。

この方法により、棚に部品を補充しておけば外段取り要員が不要となり、誤組付け防止が可能となります。

7.1.3　ポカヨケへのIoT活用

他にも人作業として、シールを貼ったり、ペンでしるしをつけるといった単純な作業があります。このような場合に多品種の工程となると数十種類の物に対して作業を行うことになると、作業者がうっかり間違った色を塗ってしまうということが発生します。人作業における信頼性を表す表現として「1万回に1回のミスも許されない」がよく使われます。IoTを活用してポカヨケをする方法について説明します(図7.4)。

手順は以下のとおりです。

①　かんばんを読み込む

②　作業を行う

③　作業結果をチェックする

⑴　かんばんを読み込む

まず、作業を行うかんばんを読み込みます。かんばんから品番を判断し

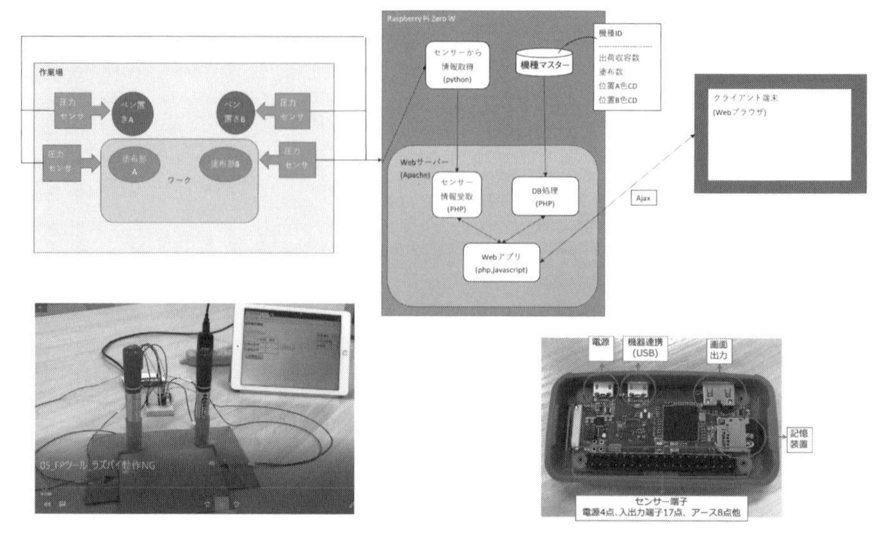

図7.4　ポカヨケへのIoT活用例

て、その品番で行うマークの位置とマークを行うペンの種類を検索します。作業者は治具の上にワークを載せます。治具のマークする場所とペン立てにあらかじめセンサーを取り付けておきます。

(2) 作業を行う

作業者がマークをする作業を行います。マークする位置とマークするペンの種類をシステムがチェックします。違っていれば画面にNG表示とブザーが鳴ります。

(3) 作業結果をチェック

マークする位置とマークするペン立てにあらかじめ取り付けられたセンサーからマークする位置とペンの種類をチェックします。その組み合わせが正しければOK、異なっていればNGと判断します。

センサーは精度によって変わりますが、一般的には近接センサーを使用します。システムの制御はPLCの利用が一般的ですが、最近は超小型PCの利用例も出てきています。

この方法により、作業者が万が一間違えた際にはシステムが異常を知らせるため、ポカヨケにつながり後工程への不良の流出を防止することが可能です。

7.2　組立作業標準化・習熟向上のためのIoT活用

組立作業の標準化や作業者の習熟向上に向けたIoT活用方法について説明します。組立の工程は数十～100以上の作業を経て製品がつくられます。そのため、1つひとつの作業を人が担当していますが、その配置は常に固定ではなく、変動します。また高度な現場管理をしている製造現場では多能工表で個々の作業者のスキルを見える化し、教育訓練計画表に基づき習熟度を管理しています。

しかしながら、本当に作業者が習熟しているのか、あるいは作業方法に問題があり、よく不良を起こしているのかといった点については課題が残ります。ここで解説するのは、IoTを活用することにより、それを解決する方法です。

手順は以下のとおりです。

①　配置人員の情報を収集する

②　ナットランナーなどの組立作業の製造条件を収集する

③　工程別作業の分析を行う

④　組立作業の改善を行う

7.2.1　配置人員の情報を収集する

まず、数十～100以上の個々の作業に配置している作業者の情報を収集します。収集方法としては天井に付けたセンサーと作業者につけたID情報の作業位置をみて判断します。収集する道具としては「RFID(radio frequency identifier)」「ビーコン」「カラーバーコード」がよく使われます。

7.2.2　組立作業の製造条件を収集する

次に組立作業の良品条件となる製造条件を収集します。よくあるのはナットランナーなど電動工具から締め付けトルクの情報を収集しています。トルク値でOKか異常か工程内で判断しているシステムが既にあればその情報を収集します。最近はエアーインパクトの古い工具に対しても外付けのセンサーと通信ユニットを使えば新規に工具を購入しなくても締め付けトルクの情報が収集できるものも出ています。

7.2.3　工程別作業の分析を行う

7.2.1項で収集した配置人員の情報と7.2.2項で収集した組立の良品条件の情報を分析します。分析の際は「作業工程」「作っている物の品番」「作業者」「良品条件」を見て、不良発生が品番や作業に偏りがないか確認します。

7.2.4　組立作業の改善を行う

7.2.3項で分析した結果に対して、ここに改善を行います。例えば、ある作業工程では締め付けトルクの異常がある作業者に偏って発生する場合については、その作業者の習熟度を上げるための教育訓練を実施する。それとは別にある作業工程では複数の作業者に対して締め付けトルクの異常が定期的に発生する場合は、作業手順の見直しをするといった形で分析します。そうすることにより、「作っている物」「作業者」「作業方法」個々に作業の標準化と作業者の習熟度を効果的に向上することが可能となります(図7.5)。

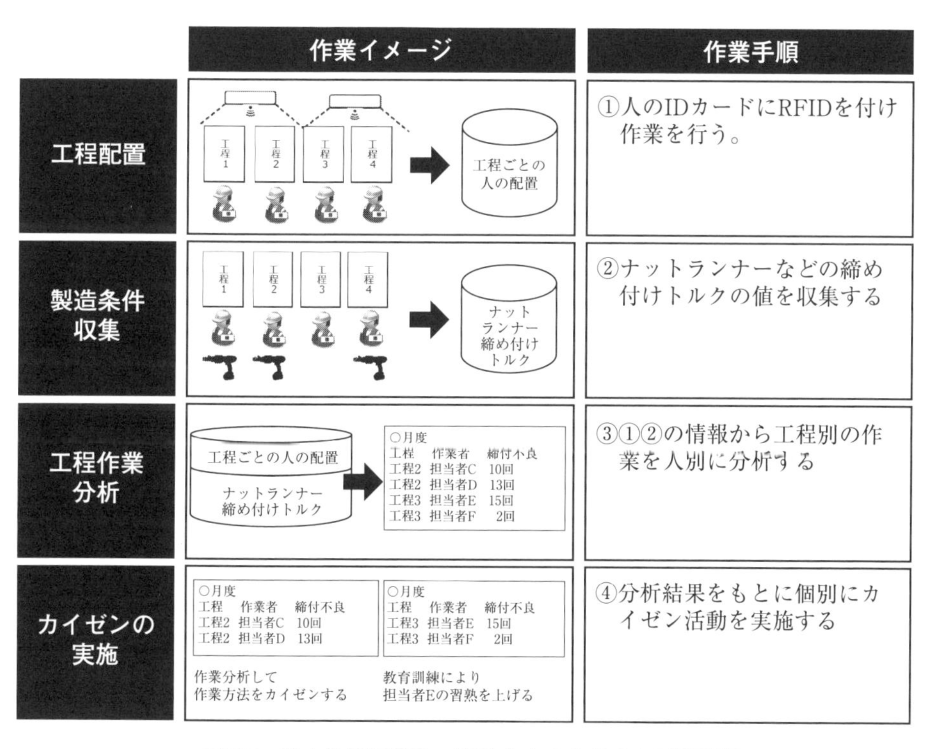

図7.5　組立作業標準化・習熟向上のためのIoT活用例

7.3　生産性向上のためのIoT活用

7.1～7.2節までは人作業の質を上げるためのIoT活用例について取り上げました。質を上げるのがまず大事ですが、企業は他社との競争力を確保する必要があるため、生産性の向上も併せて行う必要があります。ここでは生産性の向上を図るうえでの生産管理指標を可視化するIoT活用例について説明します。

手順は以下のとおりです。

①　生産管理指標を定義する

② 作業を行い、製造原単位を収集する
③ 生産性を可視化する
④ 改善を行う

7.3.1　生産管理指標を定義する

まず、生産性を評価するものさしとしての生産管理指標を定義します。人作業については「可動率」「1人時間当り出来高」を一般的に見ます。「可動率(べきどうりつ)」は前にも説明しましたが、本来あるべき作業時間に対する生産効率を表します。

可動率＝(売れる数×MCT)／実稼働時間

基本は最大値が100%となります。この指標は割合で表現していますが、他には物量で表現する方法があり一般的に物量生産性といいます。物量生産性を表す人作業の代表的な生産管理指標は「1人時間当り出来高」です。「1人時間当り出来高」は文字どおり、作業者1人が1時間で作った製品の数となります。

先程の可動率は割合で表現しますので、サイクルが異なる工程間でも横並びで評価できる点が利点です。しかしながら、生産性が上がると売上も上がりますし、単位コストが下がりますので、いくつ作ったのか物量で表現したほうが損益の評価がしやすいです。そのために物量生産性の「1人時間当り出来高」を見ることにより生産性をより具体的に評価することができます。

1人時間当り出来高＝良品数／人単位作業工数(単位時間)

7.3.2　作業を行い、製造原単位を収集する

7.3.1項で定義した「可動率」「1人時間当り出来高」に必要な、出来高数を製造原単位として収集します。収集方法には製品ができたときに、毎回作業者がボタンを押す方法や設備のカウンターからデータを収集する方

法がとられています。

7.3.3　生産性を可視化する

個々の工程の作業者から収集した「出来高」の情報を超小型PCなどで作業開始時刻から計算した作業時間で「可動率」「1人時間当り出来高」を計算してモニターに表示します。

モニターへの表示は工程のモニターに表示するだけでなく、集中管理するモニターにも複数工程の情報を一括で表示します。これらの情報は単に見せるだけでなく、過去のデータを蓄積しておきます。

7.3.4　改善を行う

7.3.3項で蓄積した人当りの「可動率」「1人時間当り出来高」を分析して改善を行います。例えばAさんは「可動率」が高く、「1人時間当り出来高」も高いけれど、「不良」も出している場合は不良を出さないように

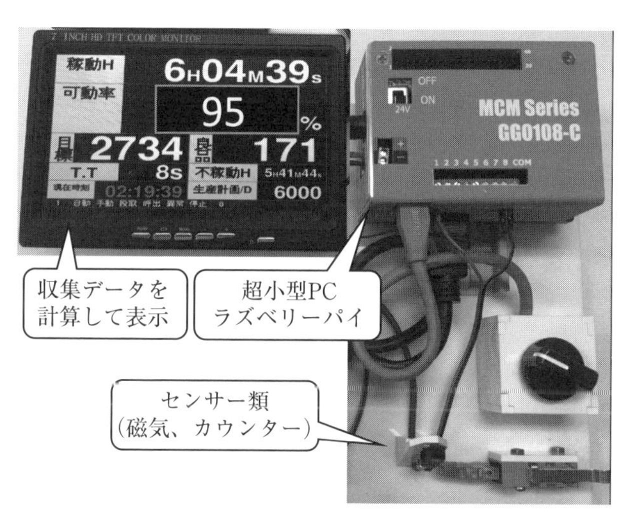

図7.6　生産性可視化のIoTツール例

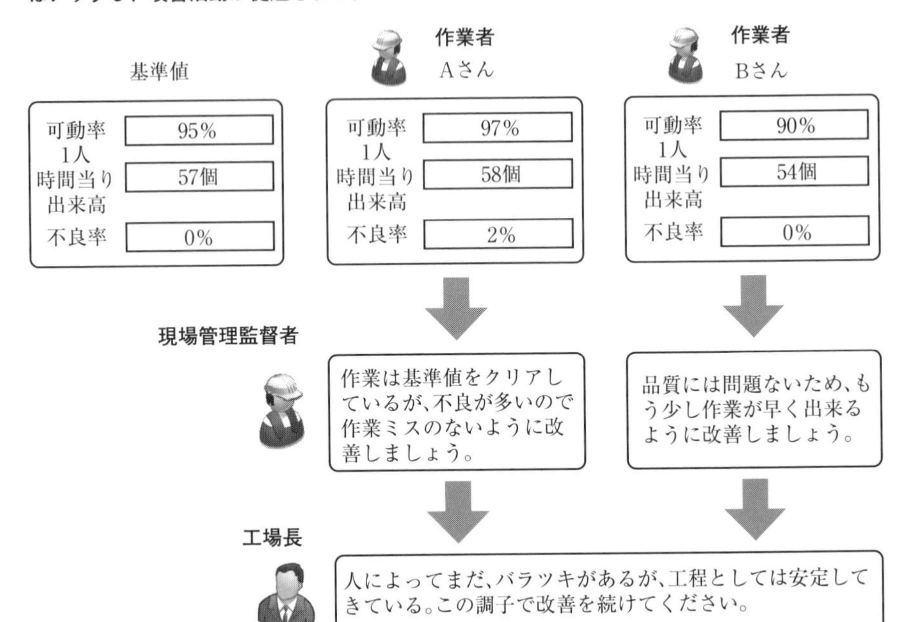

図7.7　データ活用によるモチベーションアップとは？

訓練を行うように指導します。Bさんの「可動率」や「1人時間当り出来高」が基準値より低い場合には習熟度を上げる訓練を行います。

他にも可視化することにより、評価基準が定量的になります(図7.6)。作業者からすれば「可動率」「1人時間当り出来高」が高くなれば評価が上がるということが明確になるため、自然に努力する文化が根付きます(図7.7)。

こうすることにより生産性を定量的に評価して効果的に向上させることが可能となります。

第8章

検査精度の向上

本章では検査工程に着目し、検査工程の問題解決のためのIoT活用例について説明します。次の内容について順次解説していきます。

・画像検査の種類

・外観検査へのIoT活用

・寸法測定へのIoT活用

・異物混入防止へのIoT活用

使用される手段としてカメラ、レーザー、AIの活用例を取り上げます。

8.1　画像検査の種類

1.1節でも取り上げましたが、検査において、外観検査は人手に頼ったチェックが主流となっており、不良が後工程に混入するとダブルチェック、トリプルチェックでの対策をしています。寸法測定においては計測治具による検査に時間がかかるため、抜取り検査が一般的です。

その問題解決のため、画像検査の活用があります。

・外観検査を自働化

・寸法測定の全品検査

・異物混入防止へのIoT活用

8.2　外観検査へのIoT活用

外観検査における画像検査の用途は主に次のパターンに分かれます。

・部品の組付け忘れ、誤組付けの検知
・形状変化を伴う欠陥(欠肉、バリなど)の検知
・官能評価(良品サンプルとの比較)

8.2.1　部品の組付け忘れ、誤組付けの検知

これは組付け工程などで部品の組付け忘れや誤組付けを検知する利用例となります。ネジやクリップなどの小さな部品のケースが多く、次の不具合事象を検知します。

・部品が取り付けられていない。
・異なった部品が取り付けられている。
・取り付ける位置や向きが正しくない　など

これらの検知のために固定カメラでの画像検査が用いられます。

手順は以下のとおりです。

①　かんばんを読み込む
②　画像検査を行う
③　マスター画像と比較する

⑴　かんばんを読み込む

あらかじめ比較する良品の画像をマスターとして登録しておきます。かんばんを読み込んだ際に品番からマスター画像を検索します。

⑵　画像検査を行う

治具にワークをセットして、検査ボタンを押すことにより画像検査を行います。画像検査の機械やシステムは検査の種類により作成する必要があります。

そのために注意すべき点について次に説明します。

・カメラの取り付け位置を決める

・照明の当て方を工夫する
・汎用的に利用できるように工夫する

①　カメラの取り付け位置を決める

まず、画像検査でどの部分をチェックして、どういう不具合を検知するか明確にします。カメラで撮影した場合に見えない部分があると検知できませんので、チェックする部分が撮影できるようにカメラを配置する必要があります。カメラの取り付け位置をどうしたらよいかわからない場合は機器メーカーに相談するという方法もあります。

②　照明の当て方を工夫する

画像を比較する際に明るすぎても暗すぎても上手く検知できません。照明はどこにどうあてるのか、どのぐらいの明るさ(ルクス)にするのか決めます。

③　汎用的に利用できるように工夫する

検査をする品番ごとに検査機を作ると専用機となってしまいますので、検査機がたくさん必要となりますし、検査機がネック工程になってしまいます。できるだけ複数の品番でも同じ検査機で対応できるようにしておきます。

(3)　マスター画像と比較する

「(2)　画像検査を行う」で撮影した画像とマスター画像を比較して組付け忘れ、誤組付けを検知します。比較の際には「パターン判定」または「面積色判定」を行います(図8.1)。

「パターン判定」は比較する場所に対して形状が同じか判定をします。例えば、ある製品にネジがついているかチェックする場合、ネジをつける場所に同じ形状のネジがついているか判定をします。ネジがついていない、違う形状のネジがついている、といった場合はNGの判定となります。

「面積色判定」は面積の色合いが同じか判定をします。例えば、青色の

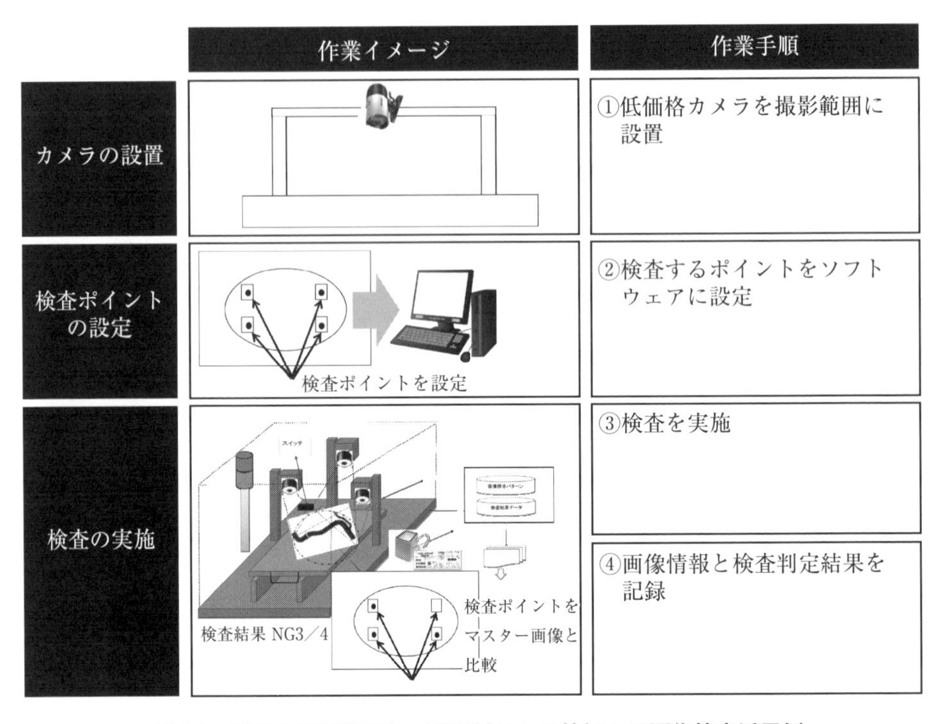

図8.1　部品の組付け忘れ、誤組付けへの検知への画像検査活用例

シールがある部分にきちんと貼られているかどうかを判定する場合、青色のシールを貼るべきところに青色と異なるシールが貼られていたり、シールが貼られていない場合は単位面積の色を比較することにより、数値が異なることによりNGの判定となります(図8.2)。

このパターンを複合して組み合わせることにより、部品の組付け忘れ、誤組付けの検知が可能となります。

この手法の場合は市販のカメラや低価格の画像判定ソフトの利用により、導入コストを比較的抑えることが可能です。そのために利用例も多いです。

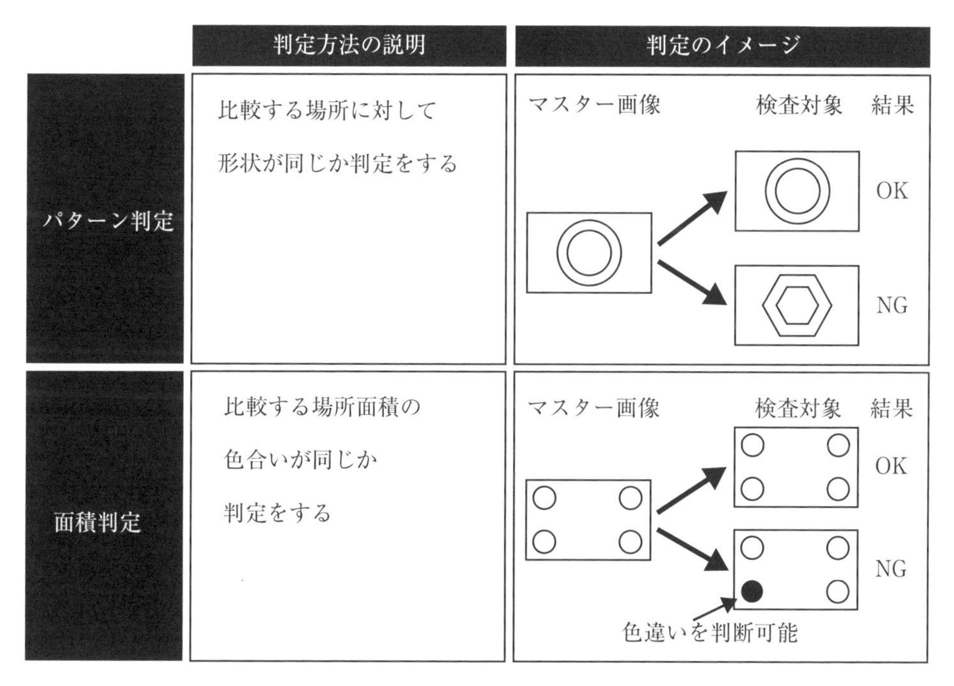

図8.2　マスター画像との比較方法例

8.2.2　形状変化を伴う欠陥(欠肉、バリなど)の検知

こちらの検知には8.2.1項で説明した固定カメラの手法でも検知可能な場合もありますが、レーザー光による検査の利用例があります。

手順は以下のとおりです。

① ワークをセットする
② レーザー光による検査をする
③ 検査結果の測定値をマスターと比較する

(1) ワークをセットする

まず、ワークをセットします。あらかじめ登録してある品番のマスター値を検索します。

(2)　レーザー光による検査をする

レーザー光をワークにあてて検査をします。

(3)　検査結果の測定値をマスターと比較する

「(2)　レーザー光による検査をする」で照射したレーザーの反射光をからワークの距離を算出し、形状の欠陥がないかを判定します。欠肉やバリなどの欠陥があれば寸法に誤差が発生しますので欠陥を検知することが可能になります(図8.3)。この方法のコストは8.2.1項の「部品の組付け忘れ、誤組付けの検知」に比べると高価になりますが、簡単な画像検査では検知できない形状上の欠陥を検知することが可能となりますので、短時間に全品の検査が要求される工程で利用されています。

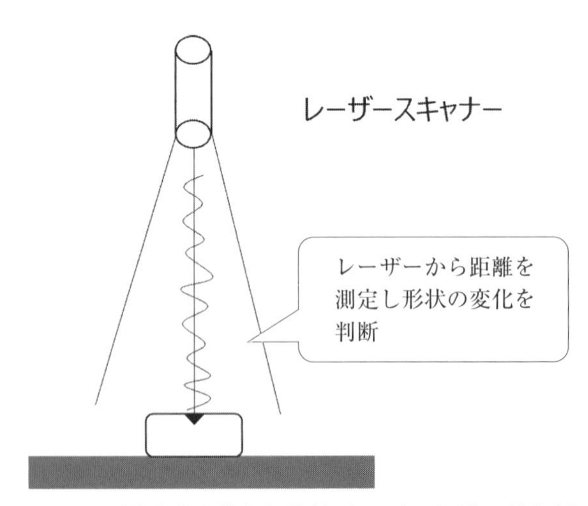

図8.3　形状変化を伴う欠陥(欠肉、バリなど)の検知例

8.2.3　官能評価(良品サンプルとの比較)

官能評価は人間の感覚(視覚・聴覚・味覚・嗅覚・触覚など)を用いて製品の品質を判定する検査をさします。ここでは人間の視覚に頼った検査に対するIoT活用例について説明します。

例えば、食品などにおいては製品を人が見て色違いや細かい不具合に対し、良品、不良品の判定を行う例が少なからずあります。その際には良品サンプルと呼ばれる画像や製品そのものを比較して検査員が判定を行います。この検査は誰でもできるものではないため、検査員も限られることからこの検査がネック工程になることがよくあります。

ここではディープラーニングによるAIを活用した画像検査について説明します。ディープラーニングはAIの手法の1つです。多層構造を持つニューラルネットワークから結果を導き出す機械学習の手法となります(図8.4)。画像処理、音声処理、言語処理分野で目覚ましい成果をあげており、画像認識分野においては人間の認識能力を上回るといわれていま

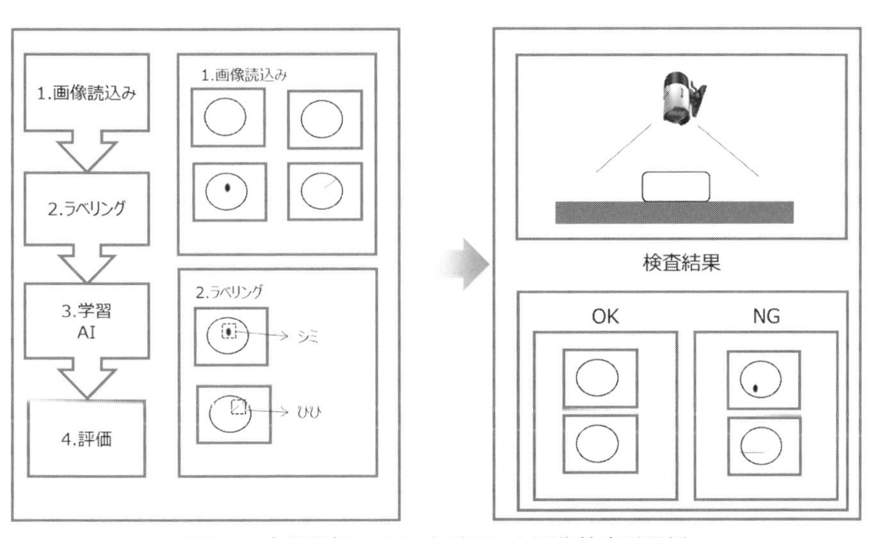

図8.4　官能評価へのAIを活用した画像検査活用例

す。しかしながら学習済モデルを作るまでにたくさんのサンプル画像が必要であることと、プログラミング知識を持った技術者が必要なことからハードルが高いといわれていましたが、最近はプログラミング知識のないユーザーでも学習済モデルが作れるような道具も出てきており、徐々に利用しやすくなってきています。

手順は以下のとおりです。

①　画像を読み込む
②　ラベリングをする
③　学習する
④　評価する

(1)　画像を読み込む

まず画像を読込みます。

(2)　ラベリングをする

「(1)　画像を読み込む」で読み込んだ画像の中で欠陥部分となる箇所をマークし、不具合事象をつけます。例えば食品の場合、「亀裂」や「色不良」といった箇所にマークをします。(1)(2)の手順を何度も繰り返します。

(3)　学習する

「(1)　画像を読み込む」「(2)　ラベリングをする」の手順を何度も繰り返したうえで、AIに学習させます。

(4)　評価する

「(3)　学習する」の学習済モデルを利用し、未知の画像を使用して検査を行います。

この方法を繰り返していくことにより、学習の精度が高まります。

8.3　寸法測定へのIoT活用

この検査は治工具で検査を行うと時間がかかることにより、全品検査ができず抜取り検査になっていることが多いです。そこに3Dスキャナーやカメラの活用や治工具のデジタル化について説明します。

8.3.1　3Dスキャナー、カメラの活用

この方法は3Dスキャナーやカメラでワークを撮影して寸法を算出する方法です。

手順は以下のとおりです。

①　マスター画像を特定する
②　ワークを撮影する
③　測定結果を比較する

(1)　マスター画像を特定する

まず、マスター画像を事前に登録しておきます。3D CADのデータを取り込んで寸法を記録します。

(2)　ワークを撮影する

3Dスキャナーやカメラを使用してワークを撮影します。撮影した際に寸法を算出します。

(3)　測定結果を比較する

「(1)　マスター画像を特定する」のマスター画像の寸法値と「(2)　ワークを撮影する」で撮影したワークの寸法の算出値を比較し、公差範囲内かどうかチェックして合否判定を行います(図8.5)。

この方法により検査時間が短い場合でもロボットの活用により、全品検

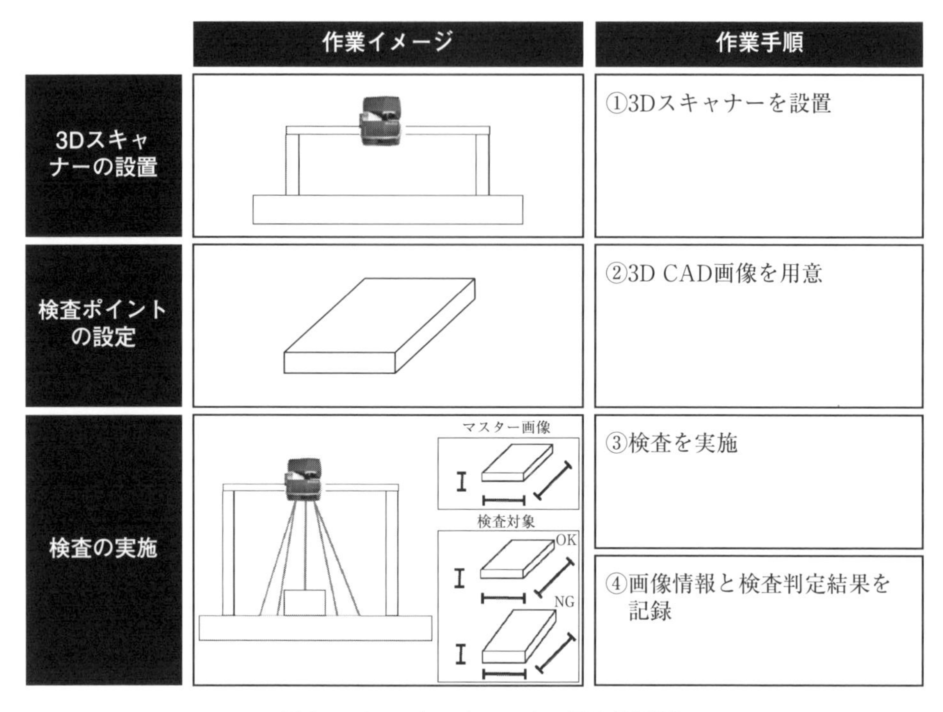

図8.5　3Dスキャナー、カメラの活用例

査が可能になります。

8.3.2　治工具のデジタル化

この方法は今までの計測治具にデジタル変換センサーと通信ユニットを接続した例となります(図8.6)。

手順は以下のとおりです。

① 治工具で計測する

② 測定結果を判定する

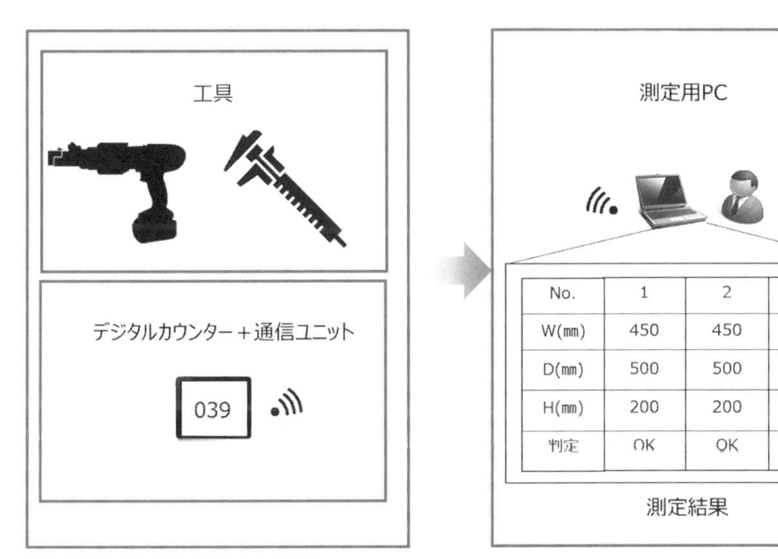

図8.6　治工具のデジタル化活用例

⑴　治工具で測定する

まず、治工具にデジタル測定センサーと通信ユニットを取り付けます。その状態で測定をします。従来はノギスで寸法を測るとメモリを見て寸法を把握し、検査記録の紙に記入します。この方法の場合はノギスでワークを挟んだ際にセンサーに値がデジタルに表示されます。その結果が近くのPCに自動でデータが送信され表示されます(図8.6)。

⑵　測定結果を判定する

「⑴　治工具で測定する」の測定を測定項目ごとにノギスで測定すると結果がすべてPC上に表示され、合格値、公差の情報を含めて、合否判定がPC画面に表示されます。今まで人間が目で見て、紙に記録していた作業が簡潔になることと、測定したデータを最後に記録しておくことができるため、トレーサビリティにも活用することが可能となります。

8.3.1項「3Dスキャナー、カメラの活用」の例のように検査時間を抜本的に短くすることはできませんが、比較的低価格で導入することができるため、大手製造業だけでなく中小製造に対しても活用例が増えています。

8.3.3　異物混入防止へのIoT活用

この方法は食品などの異物混入防止への対応方法となります(図8.7)。食品業界においては店頭で消費者が商品を購入した後に異物が混入していたクレームが多く出てきています。しかしながら、異物の混入経路が食品メーカーの製造時点なのか工場を出てからの流通時点なのかクレーム発生してから確認するのは難しいです。そのため、工場から出荷する時点でX線検査により異物検査を行う例について説明します。

手順は以下のとおりです。

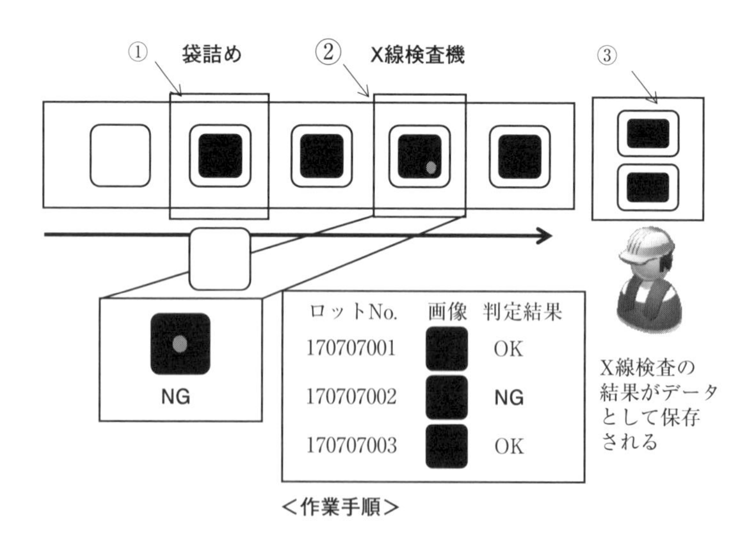

図8.7　異物混入防止へのIoT活用例

①　検査の成分を事前に設定する
②　X線検査を行う
③　検査結果を記録する

(1)　検査の成分を事前に設定する

まず、検査を行う製品の成分を設定します。これを行うことにより、検査した際に異物が混入しているか判断します。

(2)　X線検査を行う

X線検査により、製品の成分値を分析します。登録してある成分値と異なる場合は異常を表示します。

(3)　検査結果を記録する

検査結果をデータとして記録します。

これにより、工場から出荷する時点で異物混入が発生した場合は不良として跳ね出し、不良が市場に流出するのを防止します。それだけでなく、顧客から万が一異物混入のクレームが来た場合にもその製品の製造番号をキーとして検査結果のデータを提示することにより、異物混入が工場出荷時点ではされていない証拠として証明することが可能になります。

第9章

トレーサビリティの強化

ここではトレーサビリティの強化の観点から品質保証に必要なデータの活用について説明を行います。

9.1　ロット紐付けのためのIoT活用

第5章で設備加工品質の向上や第7章の人作業品質の向上に対し、良品条件の「収集」「蓄積」について説明をしました。ここでは現場から収集、蓄積したデータの活用について具体的に説明します。

9.1.1　トレーサビリティへの活用例

個体単位やロット単位で蓄積された、製造条件の情報を使って、次の管理が可能となります(図9.1)。

・個体、ロットごとの製造条件のエビデンス提示

・重要な製造条件の上下値管理

・AIを使用した複数条件による品質分析

・クレーム発生時の最終工程から前工程への精緻な追跡の迅速化

まず大事なのは個体、ロットごとにどんな製造条件で製造したか記録することにより良品は良品であること、不適合品は不適合品であることの客観的かつ定量的な根拠を提示できることです。そのエビデンスは設備から自動で収集していて、改ざんできないことが前提です。例えば温度などの重要な製造条件については上下値管理をすることにより、製造過程で不適合な条件があればすぐにワーニングを出すことができます。このような機

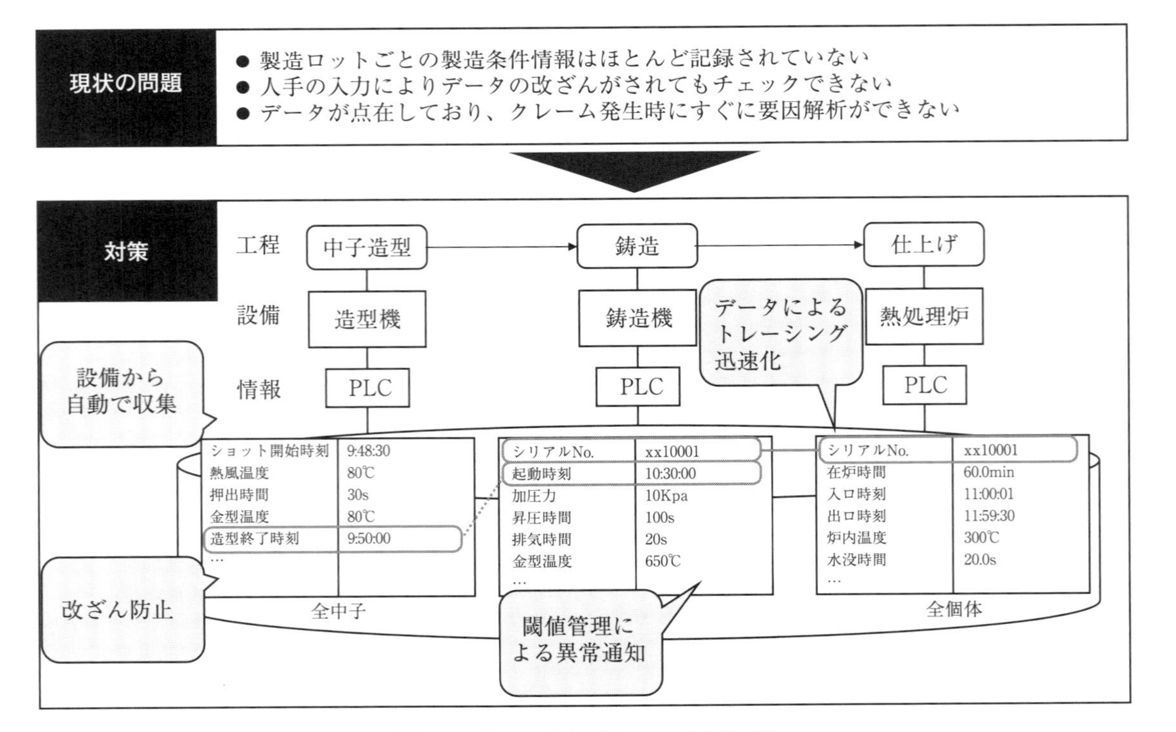

図9.1　トレーサビリティへの活用例

構は当然設備にあらかじめついているものもありますので、設備で制御できない場合に考慮すればよいです。

さらに発展した活用としてはAIを使用して、同一工程や複数工程の製造条件値から良・不良の判断をする尤度(ゆうど：もっともらしさ)を算出して、今まで見つけにくかった不良発生の判断に活用するといった例も出てきています。

これらのことを実現したうえで、納入クレームや市場クレームが万が一発生した場合は個体やロット単位で影響範囲の追跡を行います。すべて、個体やロットにNo.が付与されていればすぐに紐付けできますが、それができない場合、物の流れで先入れ先出しが成立しているのであれば、時刻とサイクルタイムで紐付ける方法もあります。その際以前の回でもお話ししていますが、各設備から収集する情報の時刻合わせは大事になりますので、ご注意ください。

9.1.2　RFIDを使用した活用例

トレーサビリティを行うためにPLCから良品条件一式のデータを収集する方法の場合、投資が大掛かりになるため、ここではRFID(radio frequency identifier：近距離の無線通信によって情報をやりとりする道具、技術)を使用して一連の工程の流れの4M情報を簡易に収集する方法について説明します(図9.2)。

・システムの概要
・撹拌／配合工程の手順
・成型工程の手順
・熱処理工程の手順

(1)　システムの概要

この事例で作成する物はセラミック製の部品となります。工程の流れは

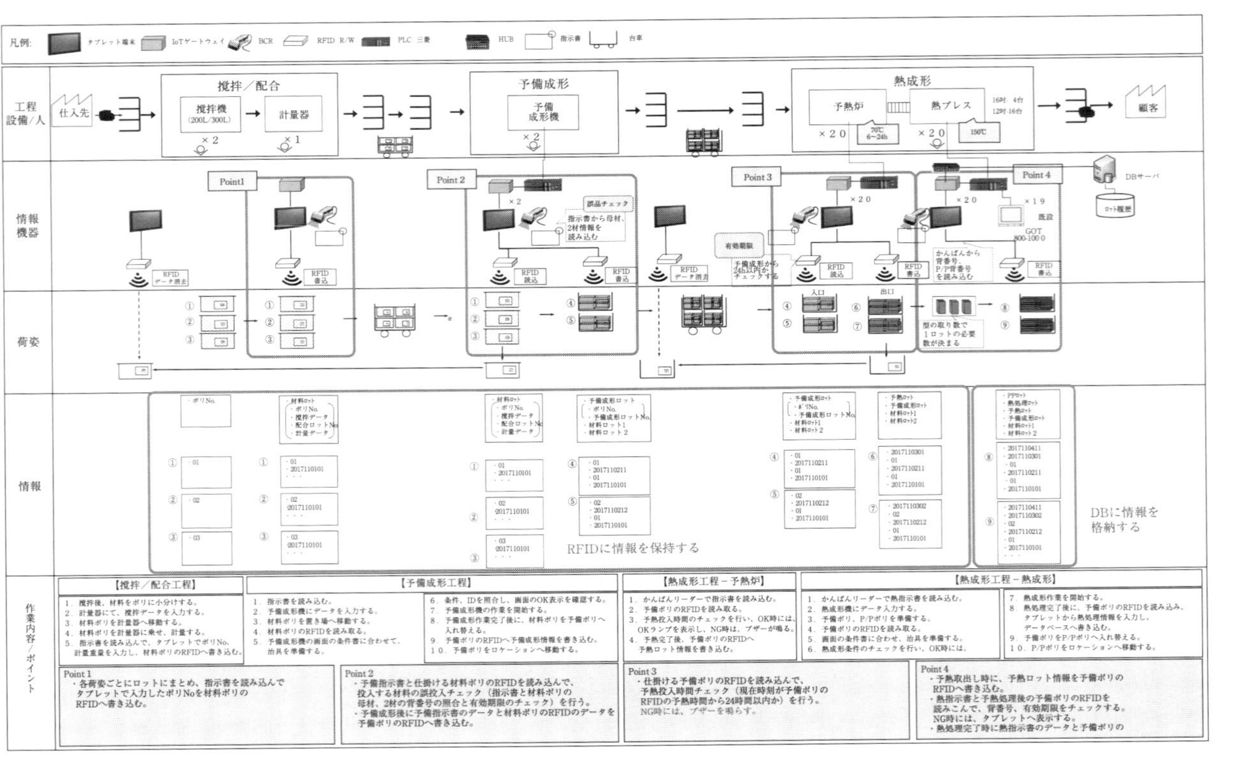

図9.2　RFIDを使用したトレーサビリティの活用例

粉状の複数の原料を撹拌／配合しポリ容器に収容してから成型工程で型に入れて固めて形にして別のポリ容器に詰め替えます。最後にポリ容器から出した成型品をオーブンに入れて熱処理して固くして出荷用ポリ容器に詰めます。

配合、成型、熱処理、出荷でそれぞれロット番号管理が必要となりますので、工程の入口と出口のロットNo.の紐付け情報をRFIDに格納していきます。そして各工程では誤投入防止のポカヨケや良品条件のチェックも併せて行い、品質保証強化を図ります。

⑵　撹拌／配合工程の手順

ここでは次の手順で作業を行います(図9.3)。

①　撹拌後、材料をポリ容器に小分けする

②　計量器にて撹拌データを入力する

③　材料のポリ容器を計量器へ移動する

④　材料のポリ容器を計量器へ乗せ、計量する

⑤　生産指示書を読み込んで、タブレットで容器No.、計量重量を入力し、材料ポリ容器に差したRFIDに情報を書き込む

⇒容器No.、計量重量実測値を記録する

⑥　材料ポリ容器を工程完成品ロケーションへ移動する

⑶　成型工程の手順

ここでは次の手順で作業を行います(図9.4)。

①　生産指示書を読み込む

②　成型機にデータを入力する

③　材料ポリ容器を成型機の投入置き場へ移動する

④　材料ポリ容器のRFIDを読み取る

⇒生産指示書と材料ポリ容器の照合により、材料の誤投入チェックと

撹拌データ			配合ロットNo					計量データ	
工程No	作業者名（社員No）	材質名	西暦年	月日	時分秒	撹拌機No	撹拌連番	計算重量（kg）	ポリNo
英数5桁	数字6桁	英数6桁	数字18桁			数字2桁	数字2桁	数字4桁	数字2桁
A0001	093372	PTFE01	2017	1109	142025	02	30	25	12

成形ロットNo							
工程No	作業者名（社員No）	背番号	西暦年	月日	時分秒	設備No	ショット連番
英数5桁	数字6桁	英数8桁	数字18桁			数字2桁	数字2桁

熱処理ロットNo											
工程No	作業者名（社員No）	背番号	西暦年	月日	時分秒	設備No	ショット連番	温度（熱盤上）	温度（熱盤下）	圧力	時間（加圧ガス抜き）
英数5桁	数字6桁	英数8桁	数字18桁			数字2桁	数字2桁	数字3桁	数字3桁	数字3桁	数字34桁

図9.3　RFIDへの出力イメージ1

撹拌データ			配合ロットNo					計量データ	
工程No	作業者名（社員No）	材質名	西暦年	月日	時分秒	撹拌機No	撹拌連番	計算重量（kg）	ポリNo
英数5桁	数字6桁	英数6桁	数字18桁			数字2桁	数字2桁	数字4桁	数字2桁
A0001	053372	PTFE01	2017	1109	142025	02	30	25	12
A0001	053372	PTFE01	2017	1109	142025	02	30	25	12

成形ロットNo							
工程No	作業者名（社員No）	背番号	西暦年	月日	時分秒	設備No	ショット連番
英数5桁	数字6桁	英数8桁	数字18桁			数字2桁	数字2桁
B0001	088981	BKP00202	2017	1109	16312020	20	01
B0001	088981	BKP00202	2017	1109	16312020	20	01

熱処理ロットNo											
工程No	作業者名（社員No）	背番号	西暦年	月日	時分秒	設備No	ショット連番	（熱盤上）	温度（熱盤下）	圧力	時間（加圧ガス抜き）
英数5桁	数字6桁	英数8桁	数字18桁			数字2桁	数字2桁	数字3桁	数字3桁	数字3桁	数字34桁

図9.4 RFIDへの出力イメージ2

有効期限のチェックを行う。NGの場合、インターロックにより設備が動かないように制御する

⑤　成型機の画面の条件書に合わせて、治具を準備する

⑥　条件、IDを照合し画面のOK表示を確認する

⑦　成型機の作業を開始する

⑧　成型作業完了後に材料ポリ容器を成型後ポリ容器へ入れ替える

⑨　成型後ポリ容器のRFIDへ成型情報を書き込む

⇒投入材料ロット、成型ロットの情報をRFIDに記録する

⑩　成型後ポリ容器を成型後完成品ロケーションへ移動する

(4)　熱処理工程の手順

ここでは次の手順で作業を行います(図9.5)。

①　かんばんリーダーで生産指示書を読み込む

②　成型後ポリ容器のRFIDを読み取る

③　成型品の投入時間のチェックを行い、OK時にはOKランプを表示し、NG時はブザーを鳴らす

⇒成型完了時刻から24時間以内かチェックして、NGの場合は不良と判断しブザーを鳴らして、跳ね出しをする(良品条件チェック)

④　熱処理完了後、成型完了後ポリのRFIDへ熱処理ロット情報を書き込む

⇒投入材料ロット、成型ロット、熱処理ロットの情報をRFIDに記録する

⑤　RFIDの情報をデータベースに書き込む

この方式であれば、最終工程となる熱処理工程でサーバへのネットワークを接続すれば工場内へのネットワーク接続機器や配線箇所を最小限に留めることができます。初工程の撹拌／配合工程や成型工程には既存のPLCにRFIDとタブレットを接続設定するだけで済みます。

攪拌データ			配合ロットNo					計量データ	
工程No	作業者名（社員No）	材質名	西暦年	月日	時分秒	攪拌機No	攪拌連番	計算重量（kg）	ポリNo
英数5桁	数字6桁	英数6桁	数字18桁			数字2桁	数字2桁	数字4桁	数字2桁
A0001	093372	PTFE01	2017	1109	142025	02	30	25	12
A0001	093372	PTFE01	2017	1109	142025	02	30	25	12

成形ロットNo							
工程No	作業者名（社員No）	背番号	西暦年	月日	時分秒	設備No	ショット連番
英数5桁	数字6桁	英数8桁	数字18桁			数字2桁	数字2桁
B0001	088981	BKP00202	2017	1109	16312020	20	01
B0001	088981	BKP00202	2017	1109	16312020	20	01

熱処理ロットNo											
工程No	作業者名（社員No）	背番号	西暦年	月日	時分秒	設備No	ショット連番	（熱盤上）	温度（熱盤下）	圧力	時間（加圧ガス抜き）
英数5桁	数字6桁	英数8桁	数字18桁			数字2桁	数字2桁	数字3桁	数字3桁	数字3桁	数字34桁
D0001	090043	BKP02201	2017	1110	081020	56	01	157	160	10	01:10:05:16:08:22
D0001	090044	BKP02202	2017	1110	085020	57	01	140	148	8	01:20:05:10:38:42

図9.5　RFIDへの出力イメージ3

表9.1　RFID使用上のメリット／デメリット

メリット	● 低価格での導入が可能 ● RFIDにロットの履歴情報をすべて記録できる ● 製造条件についてもある程度記録できる ● 最終工程完了後にDBにロット履歴を保存できる
デメリット	● 工程が長いと仕掛中の進捗(遅れ / 進み)が現場に行かないと把握できない ● IDチップが故障するとそれまでの情報が消えてしまう ● 製造条件の項目が多い場合、すべての項目の収集が困難な場合がある

この方法であれば、初工程から最終工程までのロット紐付け情報が取れますし、良品条件となる熱処理温度のチェック、保存や材料との適合性チェックや有効期限チェックも併せて行えます。

欠点は最終工程の完了をしなければ正常に作業が進んでいるかどうかのチェックが現場に行かなければわからないことです。途中で不良発生が少なからず発生した場合、トータルリードタイムが何日にも渡る場合は管理しにくいため、その点の注意が必要となります(表9.1)。

9.2　データ解析手法を活用し分析力を強化

ここではデータ解析手法となるAIの技術と実現できることについて解説します。

9.2.1　AI導入に必要な要素

AIはモデル技術と呼ばれる結果を導出するアルゴリズムに目が行きがちですが、次の要素のバランスをとることが重要となります(表9.2)。

・モデル

表9.2 AI導入に必要な要素

モデル	AI技術におけるモデルとは､何らかのビジネス問題の解決を目的とし､コンピュータが現実をシミュレートするために使用する｢数式｣もしくは｢計算手続き(アルゴリズム)｣の事である。
ビジネス問題の解決パターン	ビジネス問題を解決するためのモデルの使い方には、複数のパターンが存在する。
データの量と品質	モデルの精度という観点からは、学習用データが少ない場合には統計モデル技術を選択したほうがよく、データの型に注意を払ってモデル選定を進める必要がある。学習用データが十分に多い場合は機械学習モデル技術も視野に入れるとよい。
システムへの接続方法	システム接点を通じてできることの範囲からビジネス問題を絞り込む必要がある。バッチ登録時にしか実世界にアクセスできない場合はバッチ登録時に解決できるようなビジネス問題を選定する必要がある。

・ビジネス問題の解決パターン

・データの量と品質

・システムへの接続方法

AI技術におけるモデルとは、何らかのビジネス問題の解決を目的とし、コンピューターが現実をシミュレートするために使用する「数式」もしくは「計算手続き(アルゴリズム)」のことです。

ビジネス問題を解決するためのモデルの使い方には、複数のパターンが存在します。問題解決に適したモデルの使用をすることが重要となります。

AI活用の効果についてはデータの量と品質の考慮も必要です。モデルの精度という観点からは、学習用データが少ない場合には統計モデル技術を選択したほうがよく、データの型に注意を払ってモデル選定を進める必要があります。学習用データが十分に多い場合は機械学習モデル技術も視野に入れるとよいです。

システムへの接続方法も重要です。システム接点を通じてできることの範囲からビジネス問題を絞り込む必要があります。バッチ登録時にしか実世界にアクセスできない場合はバッチ登録時に解決できるようなビジネス問題を選定する必要があります。

9.2.2　AIのモデル技術の概要

AIのモデル技術は大きく「統計モデリング」と「機械学習」に分れます。「機械学習」はその中で「教師あり」「教師なし」に分かれます(表9.3)。

表9.3　AIモデル技術の概要

統計モデリング	観測データは解析的に記述可能な特定の確率関数から発生するものが前提。確率関数の形式と適用可能なデータに対して強い制約が発生する。また線形応答性などのような固定的な構造を仮定していることから、学習データが多くても予測精度が向上しなくなってしまう現象をおこしやすい。逆に学習データが少ない場合には利点となり得ることがある。
機械学習	確率関数に対して解析的に表現できるような単純な構造を仮定しない。数学的な制約が少ないため、細かくモデルを選定する手間はあまり存在しない。学習用データが多ければ多いほどモデル中の細かい構造がチューニングされ、予測精度が向上する性質を持っている。逆に学習データが少ないと大きな精度低下が起きてしまう。深層学習で必要とされる学習用データの数は最低でも数万例といわれている。
教師あり、なし	教師あり学習は、学習データに正解ラベルを付けて学習する方法。逆に教師なしは学習データにラベルを付けないで学習する方法。

(1)　統計モデリング

統計モデリングの観測データは解析的に記述可能な特定の確率関数から発生するものが前提となります。そのため、確率関数の形式と適用可能なデータに対して強い制約が発生します。また線形応答性などのような固定的な構造を仮定していることから、学習データが多くても予測精度が向上しなくなってしまう現象を起しやすい傾向にあります。逆に学習データが少ない場合には利点となり得ることがあるともいえます。

(2)　機械学習

機械学習は確率関数に対して解析的に表現できるような単純な構造を仮定しません。数学的な制約が少ないため、細かくモデルを選定する手間はあまり存在しません。学習用データが多ければ多いほどモデル中の細かい構造がチューニングされ、予測精度が向上する性質を持っています。逆に学習データが少ないと大きな精度低下が起きてしまいます。深層学習で必要とされる学習用データの数は最低でも数万例といわれています。

教師あり学習は、学習データに正解ラベルを付けて学習する方法をさします。逆に教師なしは学習データにラベルを付けないで学習する方法となります。教師ありについては例えば正常と異常の判定をする場合に正常と異常の両方のデータを集める必要がありますが、異常のデータのサンプルも多く集めないと精度が出ないため、このサンプルデータの収集に手間がかかるといわれます。それに対し、教師なしは正常のデータのみで異常の判定もするために事前にデータを用意するハードルが低いため、「教師なし」に注目が集まっています。

9.2.3　代表的なAIのモデル技術の種類

では「統計モデリング」と「機械学習」の主なモデル技術についてみていきましょう（表9.4）。

表9.4　統計モデリングの種類

	モデル技術	分類		特徴
1	線形回帰	統計	教師あり	項目の関係性を線で表現する。
2	ロジスティック回帰	統計	教師あり	値を0、1に分類する。例）良品か不良品か？
3	多項ロジスティック回帰	統計	教師あり	値を3以上に分類する。例）不良の種類
4	CoX回帰	統計	教師あり	イベントが発生するまでの期間を分析する。 例）製品の寿命分析
5	潜在クラス・クラスタリングモデル	統計	教師なし	与えられたデータをいくつかのクラスターに分類する。 例）センサーで直接検知できない真の不良原因の分類

(1)　統計モデリング

①　線形回帰

項目の関係性を線で表現します。

②　ロジスティック回帰

値を0、1に分類します。例えば「良品」か「不良品」かの判定に使用します。

③　多項ロジスティック回帰

値を3以上に分類します。例えば不良の種類として「バリ」「ひけ」「キズ」といった種類に層別します。

④　CoX回帰

イベントが発生するまでの期間を分析します。例えば製品の寿命分析に使用されます。

⑤　潜在クラス・クラスタリングモデル

与えられたデータをいくつかのクラスターに分類します。例えばセンサーで直接検知できない真の不良原因の分類に使用します。

(2)　機械学習

ここでは機械学習の種類について解説します(表9.5)。

①　ニューラルネットワーク

脳機能に見られるいくつかの特性を計算機上のシミュレーションによって表現します。例えば溶接の失敗を発見し修正する目的でアーク溶接の品質に影響する変数(溶接電流、放電電圧etc.)から結果品質が一定範囲に収まるようにコントロールする時に使用します。

②　決定木

樹木状のモデルを使って要因を分析しその分析結果から境界線を探して

表9.5　機械学習の種類

	モデル技術	分類		特徴
1	ニューラルネットワーク	機械学習	教師あり	脳機能に見られるいくつかの特性を計算機上のシミュレーションによって表現する。例）溶接の失敗を発見し修正する。アーク溶接の品質に影響する変数（溶接電流、放電電圧etc.）から結果品質が一定範囲に収まるようにコントロールする
2	決定木	機械学習	教師あり	樹木状のモデルを使って要因を分析しその分析結果から境界線を探して予測を行う。例）機械の動作ログから故障につながる指標を見つけ出す
3	ランダムフォレスト	機械学習	教師あり	ランダムサンプリングされたデータによって学習した多数の決定木を使用する。
4	SVM（サポートベクトルマシン）	機械学習	教師あり	マージンと呼ばれる距離を最大化して、意味を持つ対象を選別して取り出すパターン認識手法。例）作業動画から作業を分類する。目視確認、バリ取りなど
5	1クラスSVM	機械学習	教師なし	教師なし機械学習。例）良品のサンプル画像のみから良否判定を行う
6	ディープラーニング	機械学習	教師あり	深層学習とも呼ばれ多層構造を持つニュ ラルネットワークから結果を導き出す機械学習の手法。画像処理、音声処理、言語処理分野で目覚ましい成果をあげており画像認識分野においては人間の認識能力を上回ると言われている。

予測をします。例えば機械の動作ログから故障につながる指標を見つけ出す際に使用します。

③　ランダムフォレスト

決定木の発展形でランダムサンプリングされたデータによって学習した多数の決定木を使用します。

④　SVM(サポートベクトルマシン)

マージンと呼ばれる距離を最大化して、意味を持つ対象を選別して取り出すパターン認識手法です。例えば「目視確認」「バリ取りなど」の作業動画から作業を分類する際に使用します。

⑤　1クラスSVM

SVMの教師なし機械学習の手法となります。例えば良品のサンプル画像のみから良否判定を行います。

⑥　ディープラーニング

深層学習とも呼ばれ多層構造を持つニューラルネットワークから結果を導き出す機械学習の手法です。画像処理、音声処理、言語処理分野で目覚ましい成果をあげており画像認識分野においては人間の認識能力を上回るといわれています。

しかしながら、学習済みモデルの活用が困難なため、案件ごとに次の手順を行う必要があります。

「データの収集」⇒「適切なアルゴリズムの設計」⇒「学習用コンピュータリソースを用いたモデルの学習」このためにデータサイエンティストなどの高価な専門技術者でなければ扱えないことや数万を超えるサンプルデータの準備が必要なため、実証実験を行っても効果がでないリスクがあるといわれています。それでも時間が経つにつれて便利なツールが市販されてきており、AIの主流のモデル技術として活用例が増えています。

ディープラーニングは方式により、いくつかに分かれますので簡単に紹介します。

・CNN(Convolution Neural Network)方式

画像認識で実績のある方式です。CNNでは「畳み込み層」と「プーリング層」で構成されます。畳み込み層は画像の局所的な特徴を抽出し、プーリング層は局所的な特徴をまとめあげる処理をしています。入力画像の特徴を維持しながら画像を縮小処理して圧縮することにより画像の分類をすることができるのが特徴です。したがって、画像の多少のずれも吸収されます。

・LSTM(Long Short-Term Memory)方式

CNNが扱う画像データは二次元の矩形データですが、音声データは可変長の時系列データです。この可変長データをニューラルネットワークで扱うため、隠れ層の値を再び隠れ層に入力するというネットワーク構造にしたのが、RNN(Recurrent Neural Network)です。このRNNには、長時間前のデータを利用しようとすると、誤差が消滅したり演算量が爆発するなどの問題があり、短時間のデータしか処理できませんでした。その欠点を解消し、長期の時系列データを学習することができるようにしたのが、LSTMです。発表されたのは1997年とかなり前ですが、ディープラーニングの流行と共に、最近急速に注目され始めたモデルです。自然言語処理に応用される、大きな成果をあげ始めています。

第10章

統合品質データベースによる高度な製品保証の実現

10.1　統合品質データベース活用の目的

統合品質データベース活用の目的は大きく次の3つに層別されます(表10.1)。

① **トレーサビリティ**：製造プロセスに対し、自工程完結で品質保証できる管理を行う。

・個体やロット単位に各工程で製造条件や検査結果に裏付けられた良品・不適合品の製造を証明するためのエビデンス情報を管理する。

・クレーム発生時に影響箇所の迅速な特定を行う。

表10.1　統合品質データベースの活用の目的

トレーサビリティ	製造プロセスに対し、自工程完結で品質保証できる管理を行う。 ・個体やロット単位に各工程で製造条件や検査結果に裏付けられた良品・不適合品の製造を証明するためのエビデンス情報を管理する。 ・クレーム発生時に影響箇所の迅速な特定を行う。
生産管理	生産現場で安定した生産の継続した管理を行う。 ・日々の操業のためのアンドン情報(正常、異常、段替えなど)の共有・継続した改善活動のための生産管理指標管理(ISO 22400準拠)
予知保全	統合的な設備保全管理を行う。 ・予防保全のための定期保全の精度向上 ・予知保全の実現のための故障発生の予兆管理

② **生産管理**：生産現場で安定した生産の継続した管理を行う。
- 日々の操業のためのアンドン情報（正常、異常、段替えなど）共有
- 継続した改善活動のための生産管理指標管理（ISO 22400準拠）

③ **予知保全**：統合的な設備保全管理を行う。
- 予防保全のための定期保全の精度向上
- 予知保全の実現のための故障発生の予兆管理

今まではトレーサビリティはクレームが発生した際に、前工程に遡って不良発生の要因を特定し、他の製品の影響箇所に対してすぐに回収を行うことが目的となっていました。しかし、統合品質データベース活用の目的はそれだけではなく、すべての個体、ロットに対し、良・不良を客観的に判断できる製造条件や検査結果のエビデンスを常に蓄積管理することにあります。

生産管理については現場に行かなければわからなかったアンドンの情報を現場から離れた建屋の保全などの関係部署に対し、リアルタイムで通知することで、問題発生時に迅速な応援体制を確立することが可能となります。そして、投資対効果にダイレクトに関係する生産管理指標による改善活動を行うこととなります。生産管理指標管理は今まで自社のルールに則った管理体系の活用が主でした。今は国際標準規格のISO 22400でMESのKPI指標が標準化されています。これは基本TPMをベースとした考え方を踏襲していますので、新たな考え方を覚えるのではなく、今までの管理手法を適用することに近いです。国際標準規格の指標を使って、管理をすれば社会に対して、客観的にものづくりの評価をしていただけます。

設備保全管理については改善活動の具体的な打ち手になります。予防保全で困難となっていました定期点検やメンテナンスの精度を上げることや、故障する直前の予兆をチェックして、ドカ停（長期停止）になる前のギリギリの所でメンテナンスをすることにより、現場の安定稼動と部品交換間隔を長くすることによる保全費の削減につながります。

まとめますと、「現場管理における足腰を強化する」ことと「具体的かつ定量的なエビデンス、客観的な指標の活用」により誰が見てもわかる品質保証を実現することにあります。

10.2　生産管理指標管理への活用例

まずは工場の操業に支障が出ていないか「アンドン情報」を工場から離れた場所でも見られるようにすることです。10.1節でも触れましたが、設備保全の部署は工場から離れた所にあることが多いですし、自工程が停止した場合も前工程や後工程からアンドンの位置が見えにくく状況が理解できないことが多いのです。

今は現場には最小限の人しか残さない状況になってきますので、問題が発生すると前後の工程間でも状況を把握して、臨機応変に動けるようにし、離れた場所にもタイムリーに異常を通知して、他部署からの応援をすぐに受けられるようにする必要があります。

次に現場改善活動を促進するためには生産管理指標管理を定着することが重要です。今までは現場で日報をつけて、各工程独自のルールでグラフをつけて管理する形態でした。これだと定義や計算式を確認しないとわからないということになります。2014年に国際標準規格のISO 22400の指標が出てきています。欧州メーカーではこの生産管理指標を使ってどの会社と取引してもものづくりの管理のものさしを統一することが可能になるため、積極的に導入を進めています。IoT活用により情報収集に対するハードルが低くなっているため、生産管理指標管理が定着しやすい状況にあります。有事の際に、自社のルールでは上手くいっていると社会に向けて情報発信してもなかなか受け入れられませんので客観性のある情報発信ができる仕組みを導入してはいかがでしょうか(図10.1)。

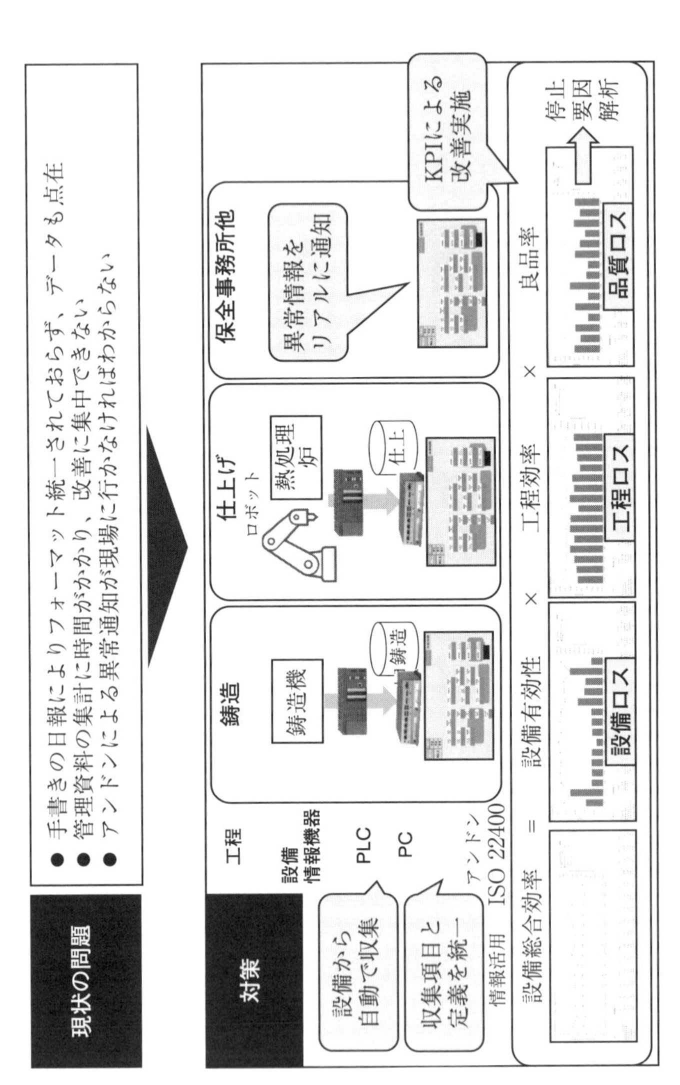

図10.1　生産管理指標の活用例

10.3 ISO 22400の適用例

ISO 22400とは何か、その内容、効果について解説します(図10.2)。

ISO 22400は、業種／業態や企業ごとにバラバラだったMES領域の評価指標を標準化したもので、ドイツ、フランス、スウェーデン、スペイン、アメリカ、韓国、中国、日本などがこの取組みに参画しています。

MES(Manufacturing Execution System)とは製造実行システムのことをさし、 工場の生産ラインの各部分とリンクすることで、工場の機械や労働者の作業を監視・管理するシステムです。MESは、作業手順、入荷、出荷、品質管理、保守、スケジューリングなどとも連携することがあります。

データを収集し統合管理行う範囲については最小単位となる設備やライン単位に収集した情報を工程単位に集約し、生産拠点、事業体、企業全体

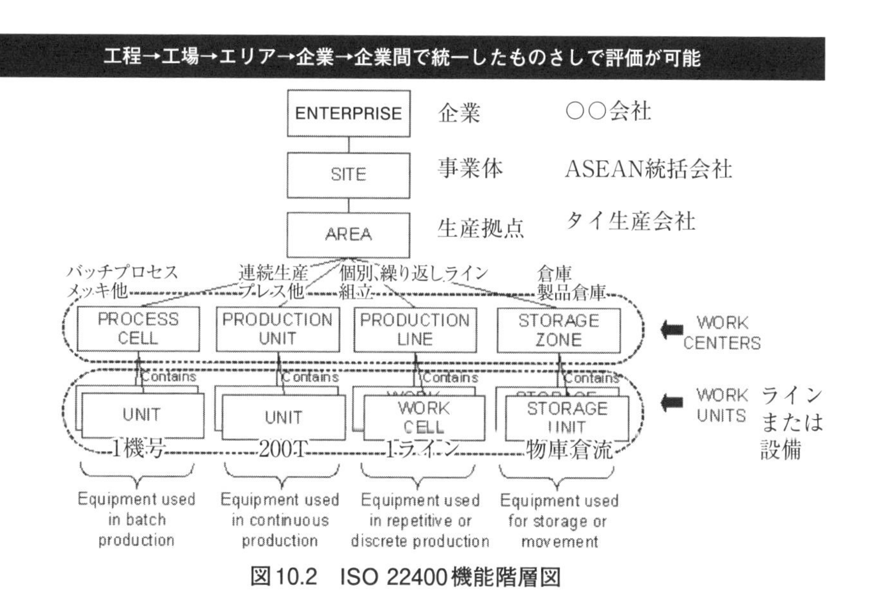

図10.2 ISO 22400機能階層図

で統合化する考え方をとっています。したがって、設備→工程→工場→事業体→企業→企業間で統一したものさしで評価が可能となります。

標準化することによるメリットは次の3点です。

・生産性指標を標準化することによってベンチマーキングが可能となる
　→社内の同一設備、工程における現場の実力値を客観的に評価することができます

他にも異なる設備、工程についてもボトルネックとなる箇所の把握が可能です。これは企業内に留まらず企業のM&Aを行う場合や、企業間の新規取引を行う際にも有効となります。

例えば、ある大手欧州メーカーではサプライヤーとの取引条件として、ISO 22400による評価指標がシステム化されて見えることが入っています。そうすることにより取引開始後にも常にサプライヤーのものづくりの実力値が客観的に把握することができます。そのような取引を継続していく中でM&Aにより大手製造業の傘下になるなど、複数の製造業が統合されメガサプライヤーとなる際にISO 22400の指標が適用されていれば新たな標準化が不要となります。そういった意味でも標準化指標による管理は大きなメリットがあるのです。

・生産性指標を定義することでセンサーや制御機器などから必要なデータを収集できるようになる
　→評価指標とその算出式が決められるため、設備やシステムを提供する側もパッケージ商品化して提供しやすくなります。最近は設備総合効率(OEE)を見る機能があらかじめ用意されている商品をよく見るようになりました

・経営情報と生産現場の情報を統合的に可視化することができる
　→経営情報となる費目ごとの原価を製品別や工程別に見て、現場改善の目標値の設定や実績値の評価につなげることが可能となります

ISO 22400の指標については「効率化」「品質」「能力」「環境」「在庫管

「効率化」「品質」「能力」「環境」「在庫管理」「メンテナンス」の
6カテゴリーで定義されている。

分類		指標	
1 効率化	efficency	労働生産性	Worker efficiency
		負荷度	Allocation ratio
		生産量	Throughput rate
		負荷効率	Allocation efficiency
		利用効率	Utilizaion efficiency
		総合設備効率	Overall equipment effectiveness index
		正味設備効率	Net equipment effectiveness index
		設備有効性	Availability
		工程効率	Effectiveness
2 品質	quality	品質率、良品率	Quality ratio
		段取率	Setup ratio
		設備保全利用率	Technical efficiency
		工程利用率	Production process ratio
		計画実績廃棄率	Actual to planned scrap ratio
		直行率	First pass yield
		廃棄率	Scrap ratio
		手直率	Rework ratio
		減衰率	Fall off ratio

分類		指標	
3 能力	capability	機械能力指数	Machine capability index
		クリティカル機械能力指数	Critical machine capability index
		工程能力指数	Process capability index
		クリティカル工程能力指数	Critical process capability index
4 環境	environment	総合エネルギー消費量	Comprehensive energy consumption
5 在庫管理	inventory	在庫回転率	Inventory turns
		良品率	Finished goods ratio
		総合良品率	Integrated goods ratio
		製造廃棄率	Production loss ratio
		在庫輸送廃棄率	Storage and transportation loss ratio
		その他廃棄率	Other loss ratio
6 メンテナンス	maintenance	設備負荷率	Equipment load ratio
		平均故障間動作時間	Mean operating time between failures
		平均故障時間	Mean time to failure
		平均復旧時間	Mean time to repair
		良品保全率	Corrective maintenance ratio

図10.3　ISO 22400指標例

理」「メンテナンス」の6カテゴリーで定義されています(図10.3)。それぞれの指標は初めて耳にするものではなく、TPM活動に代表されるロスを可視化し改善するための設備総合効率に代表される定義とほとんど同じです。

そのため、日本の製造業でも広く知られているため、あまりグローバル標準といった感覚はないと思います。

ここでは代表的な指標として設備総合効率について説明をします。

設備総合効率は設備の稼動時間に対する付加価値の度合を表しています。付加価値とは「良品を生産している」と同義となります。逆から言えば、付加価値を生んでいないものは「ロス」として定義されます。設備総合効率は稼働時間に対し「設備ロス」「工程ロス」

「品質ロス」を除いた「付加価値」を時間の視点から百分率(%)で表現しています(図10.4)。

設備総合効率＝設備有効性×工程効率×良品率

設備有効性は設備が動かせる時間に対し、「設備故障」「段替時間」の設

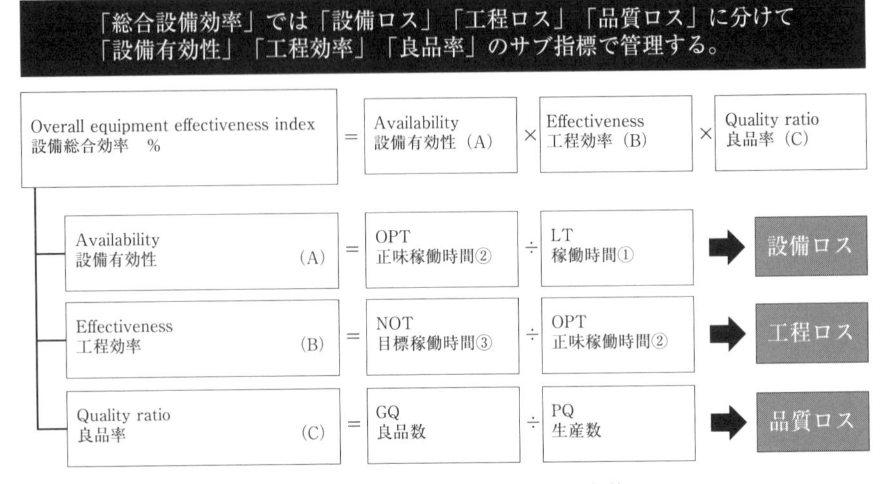

図10.4　設備総合効率(OEE)の定義

備を停止させている時間を除いた「正味稼働時間」の割合を表します(図10.5)。次に工程効率は設備で生産活動をしている時間に対し、目標となる作業時間の割合を表します。この差としては「チョコ停」「空回し」「サイクルタイムオーバー」が原因としてあげられます。良品率は生産数に対し、不良数の割合となります。裏を返せば生産活動をしていた時間に対する良品を製造した時間の割合となります。この差に含まれるのは「廃棄」「手直し」に要した時間となります。

設備総合効率からサブの指標としての設備有効性、工程効率、良品率にブレークダウンしていくとどのロスを改善していけばよいか要因解析がしやすくなります。例えばある製造業を見た際に設備総合効率が低いので、サブの指標を見ると圧倒的に工程効率が低いといったケースがありました。これをよくよく見ていくと金型を配置しているのに生産していない空回しが多いことがわかりました。このように設備を動かして付加価値をどれだけ出しているか定量的にわかりますので、大変参考になります。

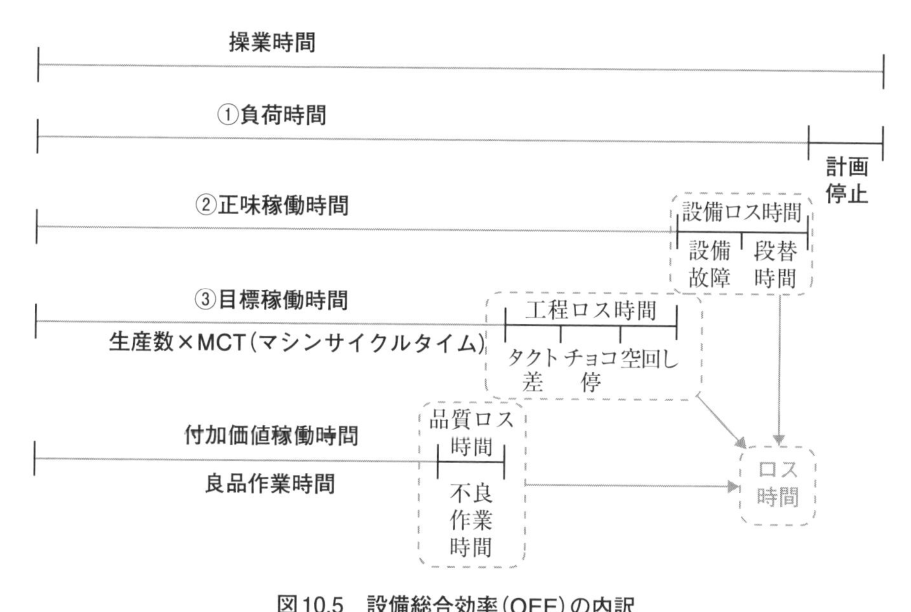

図10.5　設備総合効率(OEE)の内訳

10.4　設備保全への活用例

こちらはまず、定期点検サイクルの精度を上げることが重要です。例えば金型のメンテナンスといっても何百、何千とあると個々の型のメンテナンスの管理を手作業で行うことは困難です。個々の金型の生産実績の履歴から将来のメンテナンス時期を算出することでタイムリーなメンテナンスにつながります。このような消耗工具はたくさんありますので、同じやり方が適用できます(図10.6)。

もっと高度な活用としては故障することにより、長期停止につながる重要な部位については常時動作状況を監視しておいて、異常な信号が来た際に通知することで、故障発生を未然に防ぐことが可能になります。これを故障の予兆を捉えることから予兆管理といいます。この異常値の判断には

現状の問題
- 設備メンテナンス計画の時期がわかりにくい
- 金型点数が多く、メンテナンス計画が立てにくい
- 交換タイミングの記録がなく、部品の確保が後追いになる

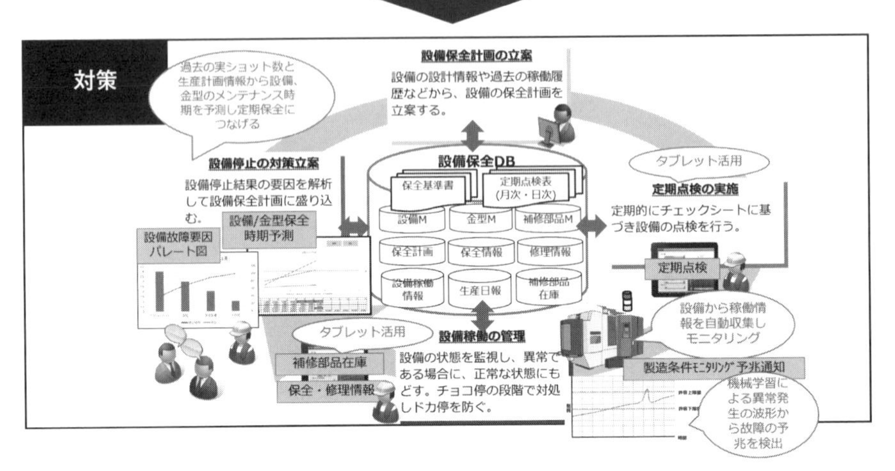

図10.6　設備保全への活用例

AIの活用例として主に切削工程を中心に導入が増えています。高度な活用例としては工具の強度と波形の両方を見ておき、できるだけ早く加工を終えることと交換時期を長く伸ばす工夫をすることで、保全にかかるコスト削減につなげる例が先進企業を中心に出てきています。予兆管理は新設の設備ではすぐに故障につながらないため、効果が出るのは先になりますが、品質保証体制強化と併せて導入することにより、投資対効果を分散できることがメリットとなります。

10.5　工具寿命の最適化による付加価値向上

ここでは切削工程における、工具寿命の最適化における例について説明します。切削工程は工作機械を使用して加工対象物を削り取り目的の形状

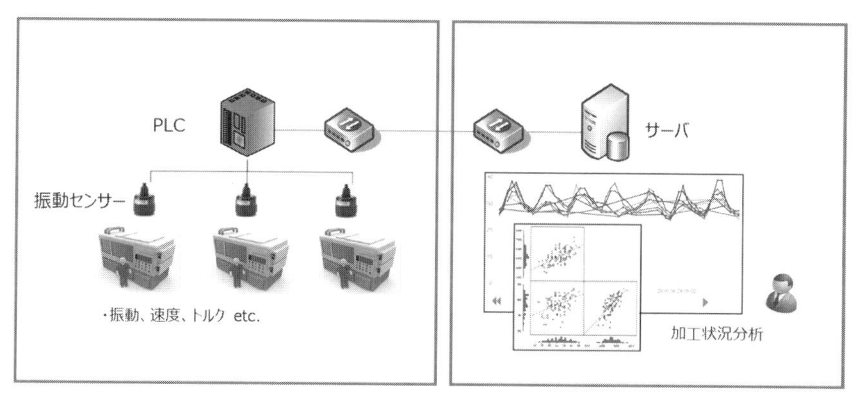

図10.7　加工状況センシング例

に加工します。特に固い金属などを削る工程となると、使用する刃具が突然破損して、設備停止を余儀なくされます。これをできるだけ少なくするためにできる限り刃具を動かす速度を遅くしておそるおそる加工することで加工時間が長くなる傾向にあります。

それでも刃具は何回も研磨して再利用するため、どこかで破損してしまいます。どれだけ使用したか記録に取りたい所ですが、刃具の種類も何千点とあると追いつきません。その加工状況をセンシングすることにより、工具の破損するタイミングを予測して、設備停止を防止するなど、できる限りギリギリまで使用することで工具寿命の最適化を図ることが可能になります(図10.7)。

これを実現する手順は「工作機械に振動センサーを設置する」「加工に関わる情報を収集する」「収集した情報を分析する」です。

(1)　工作機械に振動センサーを設置する

まず、ワークを削っている際の振動値を収集するためにセンサーを設置します。この振動値が後の分析に重要となりますので、設置箇所についてはセンサーメーカーと連携して進めるとよいと思います。

(2)　加工に関わる情報を収集する

外部に設置したセンサーやCNC(Computerized Numerical Control：コンピューター数値制御)から「振動値」「送り速度」「トルク値」などの情報を収集します。

(3)　収集した情報を分析する

前項で収集した情報を分析します。分析は正常に動作している情報をリアルタイムに比較して、異常値が発生したら即エラーを設備側のモニターに表示します。

他にも工具ごとに使用状況を蓄積しておき、工具寿命がどれぐらいなのか予測します。

この方法で工具の寿命をできるだけ延ばしながら、安定した生産が可能になるだけでなく、どこまで送り速度やトルク値を上げて削ったら短い時間で精度よく加工できるか改善も可能となります。

その結果、加工の直接作業時間そのものを短くすることにより生産性の向上と安定的な品質の確保につなげることが可能になります。他社との競争力確保が図れることから事業拡大にも寄与します。

10.6　品質向上＋品質保証強化のIoT化における想定効果

品質保証体制強化は「品質保証プロセスの確保」や「異常対応の迅速化」が図られていることが前提としてあり、そのうえで「不良ゼロ」「設備停止ゼロ」「保全費の削減」といった定量的な効果を出すことで「高度な品質保証プロセスの確立」により社会の信頼を勝ち取ることができ、継続的な取引拡大につながります(図10.8)。

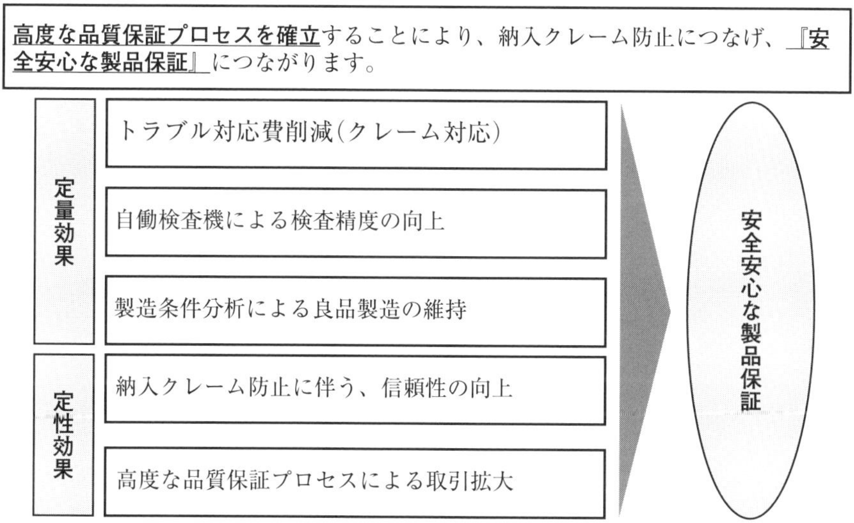
高度な品質保証プロセスを確立することにより、納入クレーム防止につなげ、『安全安心な製品保証』につながります。
定量効果
トラブル対応費削減（クレーム対応）
自動検査機による検査精度の向上
製造条件分析による良品製造の維持
定性効果
納入クレーム防止に伴う、信頼性の向上
高度な品質保証プロセスによる取引拡大
安全安心な製品保証

図10.8　品質向上＋品質保証強化のIoT化における想定効果

参考文献

[1]　山田浩貢：『「7つのムダ」排除　次なる一手』、日刊工業新聞社、2017年。

[2]　山田浩貢："トヨタ生産方式で考えるIoT活用"、「ITmedia MONOist」、http://monoist.atmarkit.co.jp/mn/series/2212/

[3]　山田浩貢 他：『製造現場・工場におけるIoTの利用と可能性』、情報機構、2018年。

索　引

【ま行】

【や行】

【ら行】

著者紹介

山田浩貢（やまだ　ひろつぐ）

1969年名古屋市生まれ。1991年愛知教育大学総合理学部数理科学科卒業後、株式会社NTTデータ東海入社。製造業向けERPパッケージの開発・導入および製造業のグローバルSCM、生産管理、BOM統合、原価企画、原価管理のシステム構築にPM、開発リーダーとして従事する。

2013年、株式会社アムイを設立。トヨタ流の改善技術をもとにIT/IoTのコンサルタントとして業務診断、業務標準の作成、IT/IoT活用のシステム企画構想立案、開発、導入を推進している。

主著に『「7つのムダ」排除　次なる一手　IoTを上手に使ってカイゼン指南』（日刊工業新聞社、2017年）、Web連載に「トヨタ生産方式で考えるIoT活用」（ITmedia MONOist、2015～2018年）がある。

品質保証におけるIoT活用

良品条件の可視化手法と実践事例

2019年3月28日　第1刷発行
2021年3月5日　第2刷発行

著　者　山田浩貢
発行人　戸羽節文

検印
省略

発行所　株式会社　日科技連出版社
〒151-0051　東京都渋谷区千駄ケ谷5-15-5
DSビル
電　話　出版　03-5379-1244
営業　03-5379-1238

Printed in Japan　　印刷・製本　東港出版印刷株式会社

ISBN978-4-8171-9666-8
URL　http://www.juse-p.co.jp/